ライブラリ理学・工学系物理学講義ノート 5

電磁気学
講義ノート

市田 正夫 著

サイエンス社

●編者まえがき●

二十世紀前半での量子力学や相対論の成立によりミクロな世界の解明が進み，二十一世紀に入った今日，その影響が情報インフラや医療現場までおよび，グローバルに社会を革新しつつあります．この「社会を変えた学問」の基礎に広い意味の物理学の考え方が浸透しているのです．現在，物理学の基礎を学ぶ意義はこういう広範な科学や技術に広がった課題に対処する能力を身につけることにあります．素粒子や宇宙やハイテクなどの先端研究に至る入門として物理学を学ぶと考えるのは狭すぎます．それだけが物理学を学ぶ動機ではないのです．社会のいろいろな新しい職業で，物理学を修めた人材の活躍が求められているのです．

物理学の特徴の一つは数理的な手法です．現実を数理の世界にマップして，その論理操作に基づいて，さまざまな現象を統一的に理解したり，事象を予測することが可能となり，逆に，現実を操作することも出来るのです．数理経済学や統計学も数理的手法ですが，現実が複雑過ぎて単純でなく，また情報科学も数理ですが，言語が対象のため現実との対応が複雑です．その点，身体的感覚で繋がっている物理的現象を通じて，現実を数理の世界にマップする訓練は実感があり，数理化の能力が一番身につくのです．

AI など情報処理能力のインフラが実現している現在，物理現象だけでなく，諸々の現象を，数理的に扱うことが次代の学問になります．このための数理にのるモデルの構成などの課題で，物理現象を数理に置換える物理学の訓練が大事になります．長年にわたって練り上げられた革新的な思考法である物理学の学習はこうした外向きの効果をも持っているのです．意欲ある諸君のこの挑戦に，本「ライブラリ理学・工学系物理学講義ノート」が役立つことを願っています．

2017 年 2 月

佐藤文隆（京都大学 名誉教授）
北野正雄（京都大学 大学院工学研究科 教授）

＊ 本ライブラリでは ISO 80000-2:2009，JIS Z8201 などの標準において推奨される表記法にしたがい，虚数単位 i，微分 d，ネピア数 e などをローマン体で表記しております．

まえがき

本著は著者の勤務校における電磁気学の講義経験をもとに著した電磁気学の教科書である．もちろん，世の中には電磁気学の教科書は多数ある．そうした中で，本書は電磁気学の初学者を念頭に置き，なるべく平易かつ丁寧な記述や式変形を心がけた．一般に電磁気学は大学の物理学の課程において初年時より配当され，力学と並んでその後の物理学の基礎となる科目である．しかしながら，力学と比べて「難しい」とされる．その理由はいくつかあると思われる．まずは，ベクトル解析が必須であること．力学においては位置は物理量でありその時間変化を追うことが力学といっても過言ではないが，電磁気学では状況は大きく異なり，位置は時間と並んでパラメータである．物理量である電場や磁場は位置と時間で決められるベクトル量となっている．そのため，計算にはベクトル解析が必要となっている．次に，電磁気学は場の物理学であること．電場や磁場という目に見えない「場」をイメージすることが難しいため，理解の妨げになっているのだろう．さらに，電場，磁場，電束密度，磁束密度といった似たようなベクトル場が「いきなり」出てきて，それらの関係があいまいになりがちなことも電磁気学を難しく感じさせる原因であろう．そこで，本書では，ベクトルの計算について丁寧に，かつ，イメージしやすいように取り扱い，また,「場」の概念を丁寧に説明し，さらに，電場と電束密度，磁場と磁束密度の関係をはっきりさせた．読者にできるだけ「いきなり感」を与えないように記述したつもりである．本書では，まず，真空中での静電磁場について，主に電場（$\boldsymbol{E}$）と磁束密度（$\boldsymbol{B}$）を，具体的な計算で使いやすいように積分形式で記述する．ただし，ここでも，電束密度（$\boldsymbol{D}$）と磁場の強さ（$\boldsymbol{H}$）は重要な概念であるので，電磁場のもととなる電荷と電流と関係づけて説明する．さらに，時間依存のある電磁場について述べ，積分形のマクスウェルの方程式を完成させる．その後，微分形のマクスウェルの方程式に到達して，電磁波を導出する．最後に，物質中での電磁場を取り扱い，電磁気学を完成させる．

本書の構成は以下の通りである．1 章では，電場が時間依存しない，すなわち，静電場について記述した．クーロンの法則から出発し，その背後にある「場」の考え方について詳しく述べる．また，電磁気学で用いられる，線積分，面積分，体積分の説明を行う．静電場の基本法則であるガウスの法則と渦なしの法則を取り扱う．積分形のガウスの法則を用いて，具体的に電場を計算する．2 章では導体を取り扱い，導体まわりの静電場やコンデンサー，電場のエネルギーについて述べる．3 章では電流と静磁場を取り扱う．オームの法則や RC 回路における電流の過渡現象について述べる．また，電流によって生じる磁場および磁場から電流に働くローレンツ力について述べ，アンペールの法則に導く．積分形のアンペールの法則を用いて，電流が作る磁場を具体的に計算する．4 章では時間的に変動する電磁場について取り扱う．コイルの自己・相互インダクタンスを導入し交流回路や磁場のエネルギーについても述べる．さらに変位電流を導入して，積分形のマクスウェルの方程式を完成させる．5 章ではマクスウェルの方程式を積分形から微分形に書きかえ，そこから導き出される波動方程式と電磁波について述べる．6 章は物質中の電磁場について，分極（$\boldsymbol{P}$）と磁化（$\boldsymbol{M}$）を導入して電場（$\boldsymbol{E}$）と電束密度（$\boldsymbol{D}$），磁束密度（$\boldsymbol{B}$）と磁場の強さ（$\boldsymbol{H}$）を関係づけ，マクスウェルの方程式が物質中でも適用できることを示す．さらに，物質中の電磁波の伝播についても述べ，その屈折や反射について触れる．付章では身のまわりの電磁場についていくつかの例を取り上げる．

付録には本書を読むのに必要なベクトル解析について簡単にまとめてある．本文中には例題を，各章末には演習問題を含めてある．すべての問題には解答がつけてあるので，是非，自分の手で解いてみてほしい．

本書の執筆によって，書者自身が多くのことを学んだ．特に，本ライブラリの編者である佐藤文隆先生，北野正雄先生には，原稿に目を通していただき，多くの貴重なアドバイスをいただいた．同僚である甲南大学の青木珠緒先生，秋宗秀俊先生，安藤弘明先生，須佐元先生にも執筆中に多くのアドバイスをいただいた．これらの方々に心よりお礼を申し上げる．最後に，本書の企画段階から出版まで大変お世話になったサイエンス社編集部長の田島伸彦氏，足立豊氏に厚くお礼申し上げる．

2017 年 10 月

市田正夫

目　　次

第1章 静　電　場

電荷の間に働く力と電荷が作る電場の性質について学ぶ.

1.1 電荷に働くクーロン力

現在，我々の生活は，電気抜きでは成り立たないが，この電気が理解され，利用されたのはそう昔のことではない．電気が照明として広く使われるようになったのは 1880 年頃に白熱電球が商用化されてからであるし，モールス通信などの情報通信に使われるようになったのは 1840 年頃のことである．また，テレビ放送が始まったのは 1930 年頃である．

一方で，人類がはじめて電気現象を発見したのは古くギリシア時代にさかのぼる．コハクを毛皮などで摩擦すると静電気とも呼ばれる**摩擦電気**が発生することが見出された．電気を表す英語の electricity は，コハクのギリシア語が語源になっている．この摩擦で生じる電気には，擦るものと擦られるものの組み合わせによって 2 種類あることがわかり，同じ種類の電気では反発し合い，異なる種類の電気では引き合うことがわかった．また，異なる種類の電気が合わさると，互いに打ち消し合うこともわかった．これらの 2 種類の電気はそれぞれ「正（+）の電気」と「負（−）の電気」と呼ばれるようになった．物理現象の背後にはそれを担う「もの」が必ず存在する．電気の担い手は**電荷**と呼ばれるものであり，その実体は,「**電子**」や「**陽子**」である．電子と陽子が持つ電荷は符号が逆で同じ大きさである．すなわち，電子：$-e$，陽子：$+e$ であり，e は**電気素量**と呼ばれる最小の電荷量で，$e = 1.602 \times 10^{-19}$ C である．ここで，**クーロン**（C）は後で述べるように電荷の単位で，1 **アンペア**（A）の電流が 1 秒間に運ぶ電荷量である．

クーロン（C. A. Coulomb）は 1785 年，距離 r 離れた 2 つの小さなコルク球に電荷 q_1，q_2 を与えたとき，その間に両者を結ぶ直線の方向に力が働き，そ

の大きさ F は2つの電荷の積に比例し電荷間の距離 r の2乗に反比例することを実験的に示した．すなわち，比例定数を k として，

$$F = k\frac{q_1 q_2}{r^2}$$

となる．これを**クーロンの法則**といい，この力を**クーロン力**という．

比例定数 k の値を決めるには，単位系を決める必要がある．現在，広く国際的に使われている単位は，長さ，質量，時間に対して，メートル（m），キログラム（kg），秒（s）を用いるもので，**MKS 単位系**と呼ばれている．電荷はクーロン（C）が広く使われているが，基本単位としては，測定が容易な電流のアンペア（A）が用いられている．MKS 単位系に電流の単位 A を加えたものを **MKSA 単位系**という（現在，世界中で広く使われている **SI（国際単位系）**は，MKSA 単位系の基本単位に加えて，温度はケルビン（K），物質量はモル（mol），光度はカンデラ（cd）が基本単位として使用されている）．この単位系において，クーロンの法則の真空中での比例定数 k は，

$$k = \frac{1}{4\pi\epsilon_0}$$

となる．定数 ϵ_0 は**真空の誘電率**と呼ばれ，

$$\epsilon_0 = 8.854 \times 10^{-12}\,\mathrm{C^2N^{-1}m^{-2}}$$

である．すなわち，

$$F = \frac{1}{4\pi\epsilon_0}\frac{q_1 q_2}{r^2} \tag{1.1}$$

となる．

ところで，物理学では多くの量（物理量）が大きさと向きを持つ**ベクトル**量である．速度や加速度，力などはベクトル量である．一方，質量やエネルギー，電荷などは大きさしか持っておらず，**スカラー**量と呼ばれる．電荷の間に働くクーロン力も大きさはクーロンの法則で表され，向きは2つの電荷の位置を繋いだ向きを向いているベクトル量である．初等力学においては「位置」は物理量であるが，電磁気学では一般に位置は空間の点を表す座標にすぎない．この位置も原点 O からその点に引いたベクトルを用いて表すことができる．このベクトルをその点の**位置ベクトル**と呼び，たとえば，$\boldsymbol{r} = (x, y, z)$ のように表す．

点 P_1 の座標を (x_1, y_1, z_1)，位置ベクトルを $\boldsymbol{r}_1$，点 P_2 の座標を (x_2, y_2, z_2)，位置ベクトルを $\boldsymbol{r}_2$ とすると，P_1 から P_2 に向かうベクトル $\boldsymbol{r}_{21}$ は

$$\boldsymbol{r}_{21} = \boldsymbol{r}_2 - \boldsymbol{r}_1$$

となる（**図 1.1**）．また，P_1 から P_2 に向かう大きさが 1 の**単位ベクトル** $\boldsymbol{n}_{21}$ は，

$$\boldsymbol{n}_{21} = \frac{\boldsymbol{r}_{21}}{|\boldsymbol{r}_{21}|}$$

となる．したがって，$\boldsymbol{r}_2$ にある電荷 q_2 が $\boldsymbol{r}_1$ にある電荷 q_1 から受ける力を，向きを合わせてベクトルで表現すれば，

$$\boldsymbol{F}_{21} = \frac{1}{4\pi\epsilon_0}\frac{q_1 q_2}{r_{21}^2}\boldsymbol{n}_{21} = \frac{q_1 q_2}{4\pi\epsilon_0 |\boldsymbol{r}_{21}|^2}\frac{\boldsymbol{r}_{21}}{|\boldsymbol{r}_{21}|} = \frac{q_1 q_2}{4\pi\epsilon_0}\frac{\boldsymbol{r}_2 - \boldsymbol{r}_1}{|\boldsymbol{r}_2 - \boldsymbol{r}_1|^3} \tag{1.2}$$

となる（**図 1.2**）．分母が距離の 3 乗になっている様に見えるが，そのうちのひとつは分子のベクトルと合わせて，単位ベクトルになっている．クーロンの法則は，あくまで力の大きさは距離の 2 乗に反比例することに注意しよう．

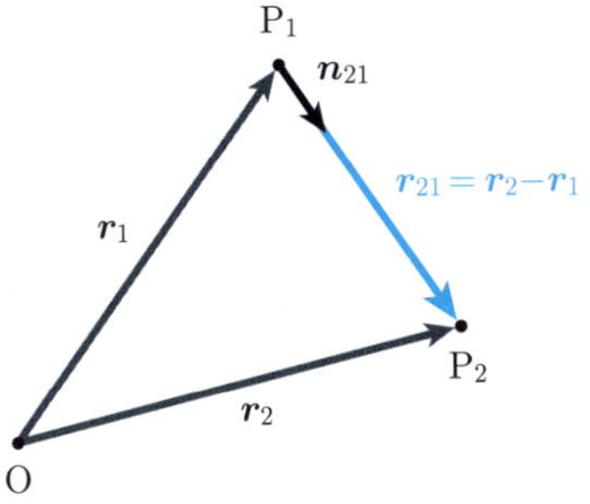

図 1.1　位置ベクトルと単位ベクトル

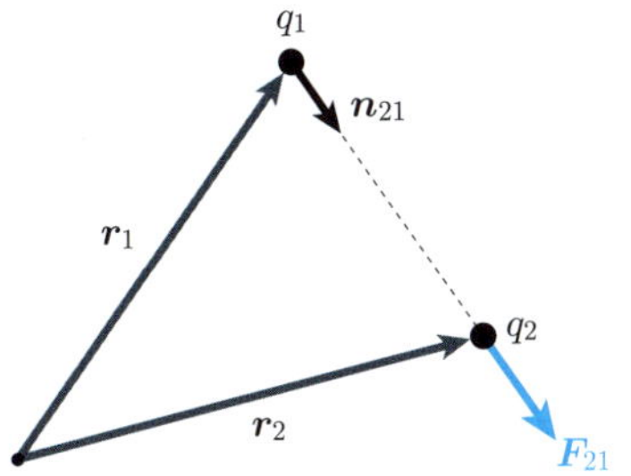

図 1.2　クーロン力ベクトル

電荷が複数ある場合には，力はベクトルなので，**重ね合わせの原理**によって合成すればよい．すなわち，位置ベクトル $\boldsymbol{r}$ にある電荷 q が，$\boldsymbol{r}_1$〜$\boldsymbol{r}_n$ にある q_1〜q_n の電荷から受ける力 $\boldsymbol{F}$ は，各電荷から働く力 $\boldsymbol{F}_i$ の足し算となり，

$$\boldsymbol{F} = \sum_{i=1}^{n} \boldsymbol{F}_i = \sum_{i=1}^{n} \frac{qq_i}{4\pi\epsilon_0} \frac{\boldsymbol{r} - \boldsymbol{r}_i}{|\boldsymbol{r} - \boldsymbol{r}_i|^3} \tag{1.3}$$

となる．

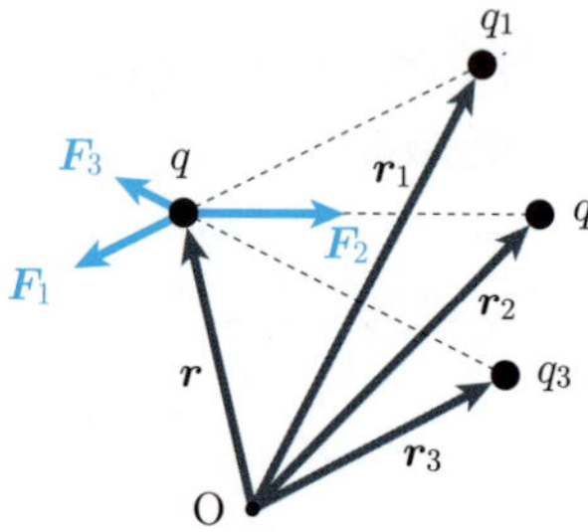

図 1.3 多数の電荷からのクーロン力

なお，ベクトルの演算については，付録にまとめた．

1.2 線積分・面積分・体積分

ここで，電磁気学で用いる線積分，面積分，体積分について説明しておこう．

ある建物のまわり C に高さが変わる壁があったとしよう．この壁の総面積はいくらであろうか．壁全体を細かく分割し，C 上の位置 $\boldsymbol{r}_i$ での壁の高さを $f(\boldsymbol{r}_i)$，この位置での壁に沿っての微小距離を Δl_i とすると，この部分の面積 ΔS_i は，

$$\Delta S_i = f(\boldsymbol{r}_i)\Delta l_i$$

であるから，全面積 S は，

$$S = \sum_i \Delta S_i = \sum_i f(\boldsymbol{r}_i)\Delta l_i$$

となる．壁の高さは連続的に変化するので，$\Delta l_i \to 0$ として和を積分に変えて，

$$S = \int_{\mathrm{C}} f(\boldsymbol{r})\mathrm{d}l$$

となる．電磁気学の計算では曲線 C 上の関数 $f(\boldsymbol{r})$ として，位置で決まるベク

トル $\boldsymbol{A}(\boldsymbol{r})$ と，その位置での曲線 C の大きさ 1 の接線ベクトル $\boldsymbol{t}(\boldsymbol{r})$ として，

$$f(\boldsymbol{r}) = \boldsymbol{A}(\boldsymbol{r}) \cdot \boldsymbol{t}(\boldsymbol{r})$$

などがよく用いられる．ここで，· はベクトルの**内積**を表しており，ベクトル $\boldsymbol{A} = (A_x, A_y, A_z)$，$\boldsymbol{B} = (B_x, B_y, B_z)$ とそのなす角を θ とすると，

$$\boldsymbol{A} \cdot \boldsymbol{B} = |\boldsymbol{A}||\boldsymbol{B}| \cos\theta = A_x B_x + A_y B_y + A_z B_z$$

であり，$\boldsymbol{A}$ の $\boldsymbol{B}$ 方向の成分（あるいは $\boldsymbol{B}$ の $\boldsymbol{A}$ 方向の成分）と $|\boldsymbol{B}|$（あるいは $|\boldsymbol{A}|$）との積と見ることができる．したがって，ベクトル場 $\boldsymbol{A}(\boldsymbol{r})$ の曲線 C に沿って行われる**線積分**

$$\int_{\mathrm{C}} \boldsymbol{A}(\boldsymbol{r}) \cdot \boldsymbol{t}(\boldsymbol{r}) \mathrm{d}l$$

は，ベクトル $\boldsymbol{A}(\boldsymbol{r})$ の曲線 C の接線方向成分の和である．

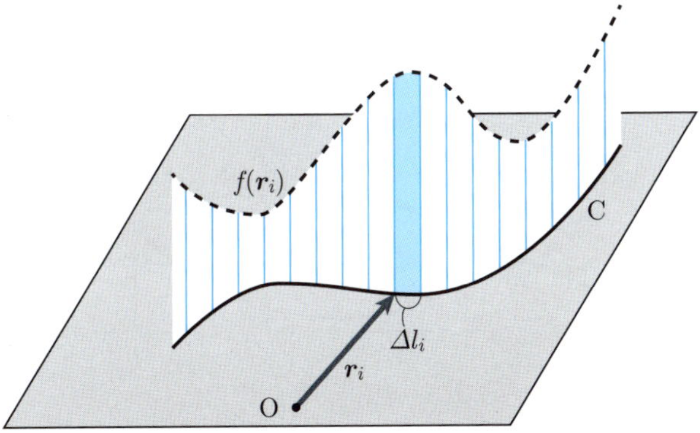

図 1.4　線積分のイメージ

各都道府県 i の人口 N_i がわかっているとき日本の総人口 N はどのように計算したらよいだろうか．もちろん，

$$N = \sum_i N_i$$

である．ここで，各都道府県の人口密度を σ_i，面積を S_i とすれば，$N_i = \sigma_i S_i$ なので，

$$N = \sum_i \sigma_i S_i$$

となる．さらに，全国を細かく分割し，その位置での人口密度を $\sigma(\boldsymbol{r}_i)$，面積を ΔS_i とすれば，

$$N = \sum_i \sigma(\boldsymbol{r}_i)\varDelta S_i$$

となる．人口密度が領域 S で連続的に変化している場合には，$\varDelta S_i \to 0$ として和を積分に変えて，

$$N = \int_{\mathrm{S}} \sigma(\boldsymbol{r})\mathrm{d}S$$

となる．電磁気学の計算では曲面 S 上の関数として，$\boldsymbol{A}(\boldsymbol{r})$ と，その位置での法線ベクトルを $\boldsymbol{n}$ として，

$$\int_{\mathrm{S}} \boldsymbol{A}(\boldsymbol{r})\cdot\boldsymbol{n}(\boldsymbol{r})\mathrm{d}S$$

などが用いられる．これは**面積分**と呼ばれ，ベクトル $\boldsymbol{A}(\boldsymbol{r})$ の曲面 S に垂直な成分の和を表す．

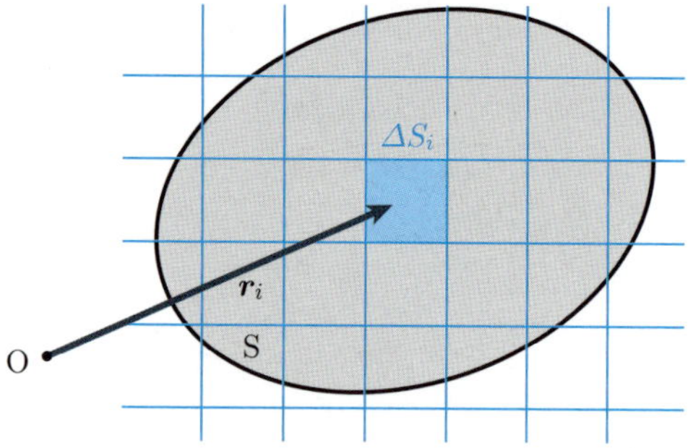

図 **1.5**　面積分のイメージ

容器の中に水と油が混ざって入っているとき，全体の質量 M はいくらであろうか．水と油の密度をそれぞれ $\rho_{水}$，$\rho_{油}$ とし，それぞれの体積を $V_{水}$，$V_{油}$ とすれば，

$$M = \sum_{k=水,\ 油} \rho_k V_k$$

となる．密度が場所 i ごとに変化しているとき，場所 $\boldsymbol{r}_i$ での密度を $\rho(\boldsymbol{r}_i)$，その部分の体積を $\varDelta V_i$ として，

$$M = \sum_i \rho(\boldsymbol{r}_i)\varDelta V_i$$

となり，領域 V で密度が連続的に変化する場合には，$\varDelta V_i \to 0$ として和を積分に変えて，

$$M = \int_{\mathrm{V}} \rho(\boldsymbol{r})\mathrm{d}V$$

となる．これが**体積分**である．電磁気学の計算では領域 V 中の電荷密度 $\rho(\boldsymbol{r})$ について，上記のような積分が使われる．

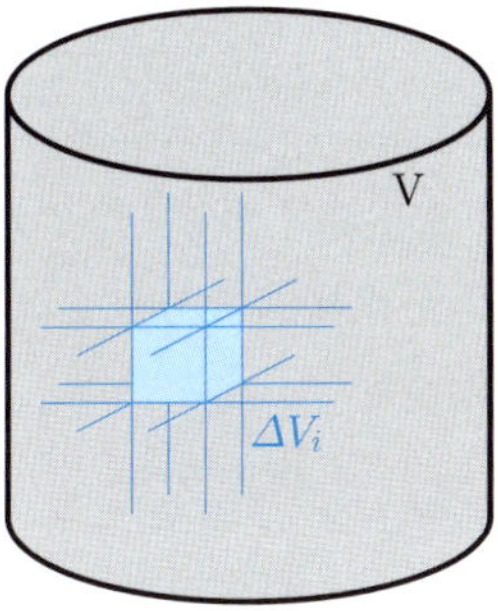

図 **1.6** 体積分のイメージ

1.3 電場ベクトル

ここで，ひとつの思考実験をしてみよう．電荷 q に，距離 r 離れた電荷 q_1 からクーロン力が働いているとする．ある時刻に，電荷 q_1 が q_2 に変わったとする．このとき，電荷 q が受ける力は「いつ」変化するだろうか．電荷が変わった「瞬間」に力も変化するのであろうか．クーロンの法則を眺めているだけでは，この答えは出ない．「**相対性理論**」で学ぶように，光の速さ c よりも速く伝わるものは存在しない．上述の例の場合には，電荷 q_1 が q_2 に変化した瞬間から時間 $\frac{r}{c}$ 経った後に，電荷 q にはその変化が伝わり，クーロン力の大きさが変化する．このような考え方は「**近接作用**」と「**場**」という概念で表現される．すなわち，電荷が存在すると，そのことによって，「空間」に電気的な「歪み」の場が作られ，その歪みは空間に広がっていく．別の電荷の位置までおよんだ電気的な歪みから，その別の電荷は影響を受ける．このような空間にある電気的な歪みの場は**電場**（**電界**）と呼ばれる．

この電場の考え方で，クーロンの法則 (1.2) を書き直してみよう．位置 $\boldsymbol{r}_2$ にある電荷 q_2 に位置 $\boldsymbol{r}_1$ にある電荷 q_1 から働く力 $\boldsymbol{F}(\boldsymbol{r}_2)$ は，電荷の大きさ q_2 と電荷 q_1 が位置 $\boldsymbol{r}_2$ に作った電場 $\boldsymbol{E}(\boldsymbol{r}_2)$ の積で書き表すことができ，

$$\boldsymbol{F}(\boldsymbol{r}_2) = q_2\boldsymbol{E}(\boldsymbol{r}_2) \tag{1.4}$$

と書くことができる．このとき式 (1.2) との比較から，電場 $\boldsymbol{E}(\boldsymbol{r}_2)$ は，

$$\boldsymbol{E}(\boldsymbol{r}_2) = \frac{q_1}{4\pi\epsilon_0}\frac{\boldsymbol{r}_2 - \boldsymbol{r}_1}{|\boldsymbol{r}_2 - \boldsymbol{r}_1|^3} \tag{1.5}$$

となる．これが，点電荷が作る電場である．この場合，位置 $\boldsymbol{r}_2$ にある電荷 q_2 は，位置 $\boldsymbol{r}_1$ にある電荷 q_1 から直接的に力を受けるのではなく，$\boldsymbol{r}_2$ での電場 $\boldsymbol{E}(\boldsymbol{r}_2)$ によって力を受けると考える．ここでの q_1 の役割は，$\boldsymbol{r}_2$ に電場を作っているにすぎない．

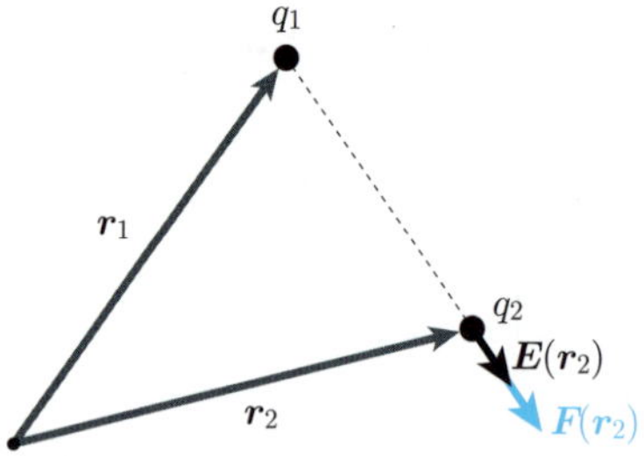

図 **1.7** 電荷によって作られる電場

点電荷が多数ある場合の電場は，力の場合と同様に，各々の点電荷が作る電場の和となる．$\boldsymbol{r}_1 \sim \boldsymbol{r}_n$ にある $q_1 \sim q_n$ の電荷が，位置 $\boldsymbol{r}$ に作る電場 $\boldsymbol{E}(\boldsymbol{r})$ は，

$$\boldsymbol{E}(\boldsymbol{r}) = \sum_{i=1}^{n} \boldsymbol{E}_i(\boldsymbol{r}) = \sum_{i=1}^{n} \frac{q_i}{4\pi\epsilon_0}\frac{\boldsymbol{r} - \boldsymbol{r}_i}{|\boldsymbol{r} - \boldsymbol{r}_i|^3} \tag{1.6}$$

となる．

電荷が空間に連続的に分布している場合には，空間を小さな領域に分割して，それぞれの領域が点電荷であると考えればよい．電荷が空間的に $\rho(\boldsymbol{r})$ で分布しているとする．空間を微小な体積 ΔV で分割し，分割した i 番目の領域の中心の位置を $\boldsymbol{r}_i$ とすると，その領域に含まれる電荷 Δq_i は，$\Delta q_i = \rho(\boldsymbol{r}_i)\Delta V$ と書くことができ，それは ΔV が十分に小さければ点電荷と見なすことができる．この点電荷が $\boldsymbol{r}$ の位置に作る電場 $\Delta\boldsymbol{E}_i$ は

$$\Delta \boldsymbol{E}_i = \frac{\Delta q_i}{4\pi\epsilon_0}\frac{\boldsymbol{r}-\boldsymbol{r}_i}{|\boldsymbol{r}-\boldsymbol{r}_i|^3} = \frac{\rho(\boldsymbol{r}_i)\Delta V}{4\pi\epsilon_0}\frac{\boldsymbol{r}-\boldsymbol{r}_i}{|\boldsymbol{r}-\boldsymbol{r}_i|^3}$$

となり，電荷分布全体から作られる電場はこれらの総和であるので，

$$\boldsymbol{E}(\boldsymbol{r}) = \sum_i \Delta \boldsymbol{E}_i = \frac{1}{4\pi\epsilon_0}\sum_i \frac{\boldsymbol{r}-\boldsymbol{r}_i}{|\boldsymbol{r}-\boldsymbol{r}_i|^3}\rho(\boldsymbol{r}_i)\Delta V$$

とかける．$\Delta V \to 0$ の極限では，和は積分になり，

$$\boldsymbol{E}(\boldsymbol{r}) = \frac{1}{4\pi\epsilon_0}\int_{\mathrm{V}} \frac{\boldsymbol{r}-\boldsymbol{r}'}{|\boldsymbol{r}-\boldsymbol{r}'|^3}\rho(\boldsymbol{r}')\mathrm{d}V' \tag{1.7}$$

となる．ここで，V は電荷が分布している領域を表し，積分はその領域全体にわたって行うものとする．

例題 1.1 **（直線電荷が作る電場）** 無限に長い直線上に単位長さあたり λ C の電荷がある場合にその直線から距離 r の位置の電場の大きさを計算せよ．

［解］ 直線に沿って z 軸をとり，$z = 0$ の面上で z 軸から距離 r の位置 $\mathrm{P}(r, 0, 0)$ での電場の大きさ $E(r)$ を考える．z 軸上の点 $\mathrm{Q}(0, 0, z)$ 付近の微小電荷 $\lambda \mathrm{d}z$ が点 P に作る電場の大きさ $\mathrm{d}E$ は，PQ 間の距離を R とすると，クーロンの法則により，

$$\mathrm{d}E = \frac{1}{4\pi\epsilon_0}\frac{\lambda \mathrm{d}z}{R^2}$$

となる．直線電荷全体が作る電場は z を $-\infty$ から $+\infty$ まで積分すれば得られるが，z が負の領域のときと正の領域のときの点 P に作られる電場の z 成分はちょうど打ち消し合うので，積分は電場の x 成分についてのみ行えばよい．点 Q が点 P に作る電場の x 成分は，PQ と z 軸のなす角を θ として，

$$\mathrm{d}E_x = \mathrm{d}E \sin\theta$$

である．したがって，

$$E(r) = \int_{z=-\infty}^{z=+\infty} \mathrm{d}E_x = \int_{-\infty}^{+\infty} \frac{1}{4\pi\epsilon_0}\frac{\sin\theta \lambda \mathrm{d}z}{R^2}$$

となる．$R = (z^2 + r^2)^{1/2}$，$\tan\theta = -\frac{r}{z}$，$\sin\theta = \frac{r}{R}$ などから，積分変数を z

から θ にすれば,

$$E(r) = \frac{1}{4\pi\epsilon_0}\int_0^{\pi}\frac{\lambda}{r}\sin\theta \mathrm{d}\theta$$

となり,

$$E(r) = \frac{\lambda}{2\pi\epsilon_0 r} \tag{1.8}$$

と求められる．ベクトルとしては，z 軸に垂直で λ が正であれば外向きになる． □

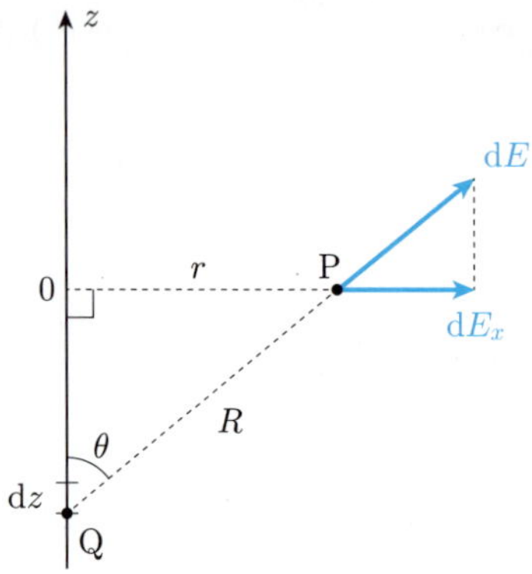

図 **1.8** 無限に長い直線電荷が作る電場

1.4 電気力線とガウスの法則

前節で考えた電場はどのようにイメージすればよいのであろうか．具体的に「場」をイメージするために，薄いゴムの膜を考えてみよう．ゴムの膜を水平に強く張ったとする．この膜の上に重い球を置くと，球の位置で膜は沈み変形する．変形の大きさは球の質量に依存し，質量が大きいほど大きく，膜の変形によって生じた張力と球に働く重力がつり合うまで変形する．このとき，膜の上に別の球を置くとどうなるだろうか．新たに置いた球も膜を変形させるが，先の球が作った膜の変形のためにつり合わず，結果として2つの球は近づくように移動するだろう．もし，膜が薄くて透明で見えないとき，この球の動きを上から観測すると，どのように見えるだろうか．2つの球の間に引力が働いて，引き合うように見えるであろう．もちろん，実際には2つの球の間に力が働くのではなく，球によってゴム膜に「場」が作られ，その場を媒介して別の球に力が働く．重要なことは，膜は目に見えなくても，膜の変形が作る「場」は現実のものとして存在し，膜の上での球の振舞いは，膜の性質を知ることによって明らかになることである．ここで，球を電荷，ゴム膜を空間そのものとすると，電荷と電場の関係やイメージがはっきりするだろう．

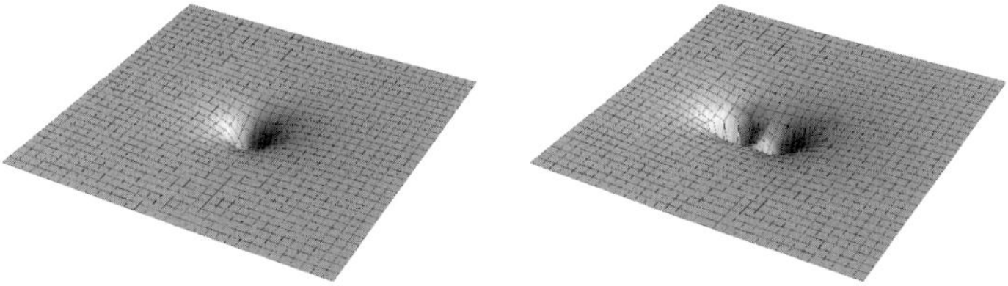

図 1.9　ゴムの膜による「場」

目に見えない電場の様子を視覚的に表現する方法として**電気力線**がある．正の電荷をおびた小物体を電気力の向きに少しずつ動かしてできる曲線が電気力線である．その引き方は，

(1)　正の電荷から出て負の電荷に入り，途中で切れたり電荷がない場所で出たりしない

(2)　曲線の接線が電場の方向である

(3)　電気力線の面積密度が電場の強さに比例する

という約束にしたがうものとする．ここで，電気力線の面積密度 σ は電気力線に垂直な微小な面積を $\varDelta S$，それを一様に貫く電気力線の本数を $\varDelta n$ とすると，

$$\sigma = \frac{\varDelta n}{\varDelta S}$$

と表される．

今，電荷量 q の正の点電荷から，総本数 N の電気力線が出ているとする（**図 1.10**）．対称性を考えれば電気力線は点電荷から放射状にどの方向にも一様に出ていて，点電荷からの距離が一定の面，すなわち，点電荷の位置を中心にする球面を垂直かつ一様に貫く．点電荷からの距離 r では，球面の面積は $4\pi r^2$ であるから，ここでの電気力線の密度は

$$\sigma(r) = \frac{N}{4\pi r^2}$$

である．一方，点電荷から距離 r の位置での電場の大きさ $E(r)$ は，クーロン

の法則 (1.5) から

$$E(r) = \frac{q}{4\pi\epsilon_0 r^2}$$

である．SI 単位系では電気力線の密度は電場の大きさに等しいとされているので，

$$\sigma(r) = \frac{N}{4\pi r^2} = E(r) = \frac{q}{4\pi\epsilon_0 r^2}$$

となり，

$$N = \frac{q}{\epsilon_0} \tag{1.9}$$

が得られる．すなわち，電荷から出る電気力線の本数 N は，電荷量 q に比例する．

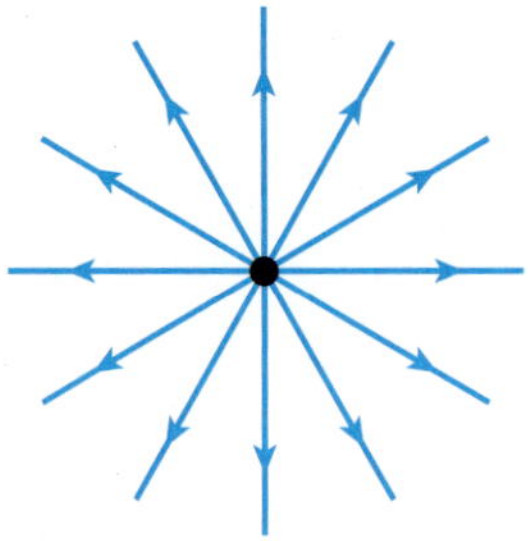

図 1.10 正の点電荷から出る電気力線

ここで，点電荷 q を含む閉じた曲面 S を考える．この曲面を微小な面 ΔS_i で分割するとする．ΔN_i 本の電気力線がこの微小な面の法線方向から角度 θ_i 傾いて貫いているとする．電気力線の密度は垂直な面に対して定義しているので，この位置で電気力線が垂直に貫くような「有効面積」$\Delta S'_i$ を考える必要があり，その大きさは，$\Delta S'_i = \Delta S_i \cos\theta_i$ である．この有効面積を用いれば電気力線の密度は，その位置での電場の大きさ E_i を用いて，

$$\frac{\Delta N_i}{\Delta S'_i} = E_i$$

と表される．したがって，ΔN_i は，

$$\Delta N_i = E_i \Delta S'_i = E_i \Delta S_i \cos\theta_i$$

となる．面 ΔS_i の法線ベクトルを $\boldsymbol{n}_i$ とし，その位置での電場のベクトルを $\boldsymbol{E}_i$ とすると，$\boldsymbol{E}_i \cdot \boldsymbol{n}_i \Delta S_i = E_i \Delta S_i \cos\theta_i$ なので，

$$\Delta N_i = \boldsymbol{E} \cdot \boldsymbol{n}_i \Delta S_i$$

となる．ここで，$\boldsymbol{E}_i \cdot \boldsymbol{n}_i$ は ΔS_i における電場の法線成分でもある．ΔN_i を閉曲面上で足し合わせれば，電気力線の総数になるので，

$$\sum_i \Delta N_i = \sum_i (\boldsymbol{E}_i \cdot \boldsymbol{n}_i)\Delta S_i = N$$

となる．分割する微小な面の数を増やし，ΔS_i を十分に小さくとれば，和は積分になるので，

$$\int_{\mathrm{S}} \boldsymbol{E}(\boldsymbol{r}) \cdot \boldsymbol{n}(\boldsymbol{r}) \mathrm{d}S = N$$

となる．式 (1.9) を用いれば，

$$\int_{\mathrm{S}} \boldsymbol{E}(\boldsymbol{r}) \cdot \boldsymbol{n}(\boldsymbol{r}) \mathrm{d}S = \frac{q}{\epsilon_0} \tag{1.10}$$

の関係が得られる．この関係を**ガウスの法則**という．

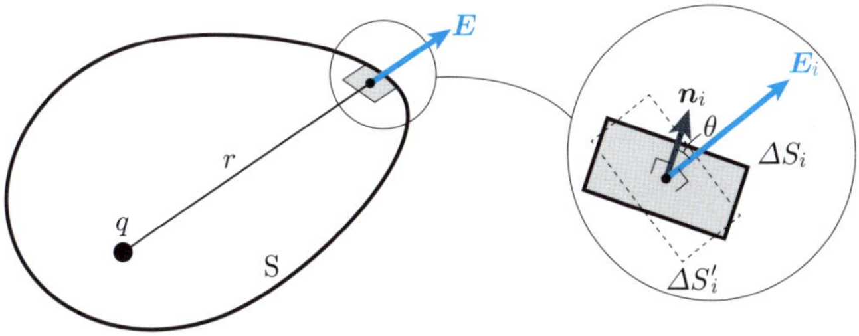

図 **1.11**　点電荷が作る電場

点電荷が多数ある場合には，各々の点電荷についてガウスの法則が成り立ち，また，電場は各々の点電荷が作る電場の和となるので，閉曲面 S 内に $q_i \sim q_n$ あるとすると，

$$\int_{\mathrm{S}} \boldsymbol{E}(\boldsymbol{r}) \cdot \boldsymbol{n}(\boldsymbol{r}) \mathrm{d}S = \frac{1}{\epsilon_0}(\text{S 内の総電荷}) = \frac{1}{\epsilon_0}\sum_{i=1}^{n} q_i \tag{1.11}$$

となる．また，電荷が $\rho(\boldsymbol{r})$ で連続的に分布している場合には，右辺の和は体積分になり，

$$\int_{\mathrm{S}} \boldsymbol{E}(\boldsymbol{r}) \cdot \boldsymbol{n}(\boldsymbol{r}) \mathrm{d}S = \frac{1}{\epsilon_0}\int_{\mathrm{V}} \rho(\boldsymbol{r}) \mathrm{d}V \tag{1.12}$$

となる．

1.5 電束と電束密度

ところで，前節のように，真空中では点電荷 q から $\frac{q}{\epsilon_0}$ 本の電気力線が出るが，ここに真空の誘電率 ϵ_0 が現れていることに注意してほしい．6.1 節で述べるように，**誘電率**は物質中においては真空中とは異なる．したがって，真空中と物質中では電気力線の本数が異なるし，物質によっても電気力線の本数が変わることになる．そこで，電場 $\boldsymbol{E}$ に真空の誘電率 ϵ_0 をかけたものを考えてみよう．すなわち，

$$\boldsymbol{D} = \epsilon_0 \boldsymbol{E} \tag{1.13}$$

なるベクトルを導入する．このベクトルは**電束密度**と呼ばれている．電束密度を用いると，ガウスの法則，式 (1.10) は，

$$\int_{\mathrm{S}} \boldsymbol{D}(\boldsymbol{r}) \cdot \boldsymbol{n}(\boldsymbol{r}) \mathrm{d}S = q \tag{1.14}$$

となり，誘電率をなくすことができる．この式の左辺は電場の場合には電気力線の総数であった．これを電束密度で計算したものは**電束**と呼ばれる量であり，**電束線**の総本数に比例する量である．電束線も電気力線と同様の性質を持っているが，電気力線とは異なり，まわりの物質によらず電荷から出る本数は電荷量で決まっている．このような電束線が空間に「場」を作っていると考える．一方，その場によって別の電荷 q' に働く力は，電場に比例するから，

$$\boldsymbol{F} = q' \boldsymbol{E} = q' \frac{1}{\epsilon_0} \boldsymbol{D}$$

となる．このように考えると，誘電率は電荷によって生じた電束密度という場を力学的な力に変換する際の変換係数と見ることができる．あるいは，真空中の場合には電気力線を $\frac{1}{\epsilon_0}$ 本束ねて 1 本の電束を作っていると考えてもよい．真空中では電場と電束密度は単に比例するだけであるが，物質中の場合は状況が異なり，電束密度の必要性がはっきりする．これも 6.1 節で述べる．なお，電束密度の単位は式 (1.14) からも明らかなように $\mathrm{C/m^2}$ である．

1.6 ガウスの法則の応用例

いくつかの例について，ガウスの法則を用いて電場を計算してみよう．

例題 1.2 **（点電荷が作る電場）** 原点に置かれた電荷 q が距離 r に作る電場の大きさ $E(r)$ を求めよ．

［解］ ガウスの法則を導くのに点電荷の場合のクーロンの法則を用いたので，もちろんここで得られる結果はクーロンの法則となる．

点電荷 q が原点にあるとして，そこから距離 r の位置での電場の大きさを $E(r)$ とする．閉曲面 S として中心を原点として半径 r の球面を考えると，対称性から電場の大きさは球面上で一定値 $E(r)$ であり，その向きは球面に対して垂直である．したがって，ガウスの法則の左辺はこの球の表面積が $4\pi r^2$ なので，

$$(\text{左辺}) = \int_{\text{半径 } r \text{ の球面}} E(r)\mathrm{d}S = 4\pi r^2 E(r)$$

である．また，右辺は閉曲面内に含まれる電荷は原点にある q のみなので，

$$(\text{右辺}) = \frac{q}{\epsilon_0}$$

となる．したがって，

$$E(r) = \frac{q}{4\pi\epsilon_0 r^2}$$

が得られる．これは，クーロンの法則そのものである．□

例題 1.3 **（無限に長い直線電荷が作る電場）** 単位長さあたり λ の直線電荷が z 軸上にあるとき，そこから距離 r の位置での電場の大きさ $E(r)$ を求めよ．

［解］ 無限に長い直線電荷が作る電場は，1.3 節でクーロンの法則から計算したが，ここでは，ガウスの法則を用いて計算してみよう．

閉曲面として，z 軸を中心軸とした半径 r，高さ h の円柱の表面を考える．対称性から，電場は z 軸に垂直に放射状になっているので，閉曲面である円柱の上面と下面に対して電場は平行であり，これらの面を貫く垂直な電場の成分は

ない．一方，円柱の側面では，電場は常に垂直でその大きさは一定値 $E(r)$ である．したがって，ガウスの法則の左辺は，円柱の側面積が $2\pi rh$ なので，

$$(\text{左辺}) = \int_{\text{半径 } r \text{ 高さ } h \text{ の円柱の側面}} E(r)\mathrm{d}S = 2\pi rhE(r)$$

である．また，右辺は閉曲面内に含まれる電荷で，線密度 λ の電荷が長さ h だけ含まれるから，

$$(\text{右辺}) = \frac{\lambda h}{\epsilon_0}$$

となる．したがって，

$$E(r) = \frac{\lambda}{2\pi\epsilon_0 r}$$

が得られる．これは，クーロンの法則から求めた式 (1.8) と同じである． □

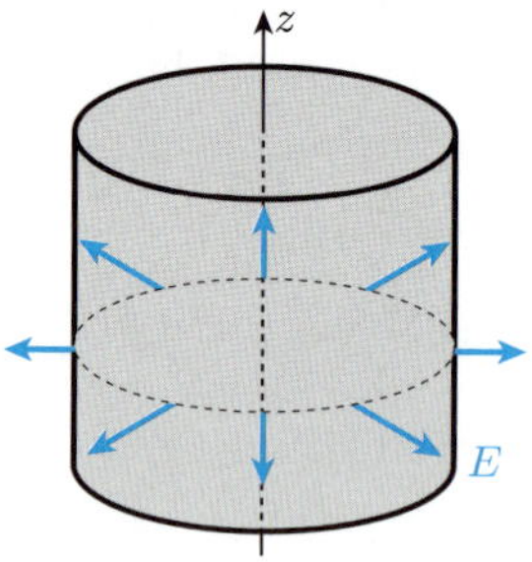

図 **1.12** 無限に長い直線電荷が作る電場

例題 1.4 （**無限に広い平面電荷が作る電場**） 単位面積あたり σ の平面電荷密度を持つ無限に広い平面電荷が $z = 0$ にあるとき，この電荷が作る電場を求めよ．

［**解**］ 閉曲面として，$z = \pm h$ に面積 A の上面，下面を持つ円柱表面を考える．対称性から，電場は z 軸に平行で円柱の上面，下面に垂直で，$z = +h$ では正の向き，$z = -h$ では負の向きになり，大きさは $E(+h) = E(-h)$ で同じである．また，円柱の側面は z 軸に水平なので，電場の垂直成分はない．したがって，ガウスの法則の左辺は，円柱の上面，下面の面積が A なので，

$$(\text{左辺}) = \int_{\text{円柱の表面}} E(r)\mathrm{d}S = AE(+h) + AE(-h) = 2AE(h)$$

となる．また，右辺は閉曲面に含まれる電荷で，面密度 σ の電荷が円柱によって切られる断面積 A の部分にあるから，

$$(\text{右辺}) = \frac{\sigma A}{\epsilon_0}$$

となる．したがって，

$$E(h) = \frac{\sigma}{2\epsilon_0} \tag{1.15}$$

となり，平面電荷からの距離に依存しない． □

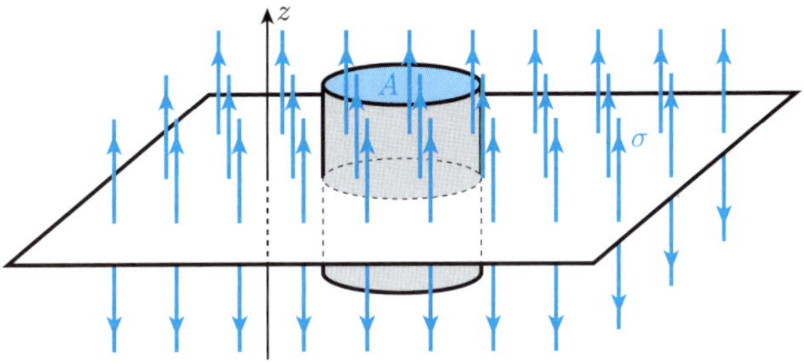

図 1.13 無限に広い平面電荷によって作られる電場

1.7 静電ポテンシャルと静電エネルギー

電場 $\boldsymbol{E}$ の中に電荷 q を置くと，その電荷には電気力 $\boldsymbol{F} = q\boldsymbol{E}$ が働くが，その力にさからって**外力** $\boldsymbol{F}'$ を加えその電荷をゆっくり動かした場合の外力がする**仕事**を考える．このとき外力は $\boldsymbol{F}' = -q\boldsymbol{E}$ であるので，微小な距離 Δl を接線ベクトル $\boldsymbol{t}$ の向きに動かしたとすると，その間の仕事 ΔW は，

$$\Delta W = \boldsymbol{F}' \cdot \boldsymbol{t}\Delta l = -q\boldsymbol{E} \cdot \boldsymbol{t}\Delta l$$

となる．点 O から点 A まで曲線 C に沿って動かしたときに外力がした仕事 W_{OA} は，この間の ΔW を足せばよいので，微小な区間を十分小さくとったとすると，

$$W_{\mathrm{OA}} = \sum_{\mathrm{O}\to\mathrm{A}} \Delta W_i = \int_{\mathrm{O}\to\mathrm{A}} \mathrm{d}W = -q\int_{\mathrm{O}\to\mathrm{A}} \boldsymbol{E}(\boldsymbol{r}) \cdot \boldsymbol{t}(\boldsymbol{r})\mathrm{d}l \tag{1.16}$$

となる．この式から明らかなように，外力がした仕事はその電荷量に比例する．

点Oから点Aまで移動する間にする仕事は，その経路に関わらず同じであることがわかっているので，点Oを基準点とすると，仕事は点Aの位置だけで決まる．そこで，

$$\phi(\boldsymbol{r}_{\mathrm{A}}) = -\int_{\mathrm{O}\to\mathrm{A}} \boldsymbol{E}(\boldsymbol{r}) \cdot \boldsymbol{t}(\boldsymbol{r})\mathrm{d}l \tag{1.17}$$

を定義すると，外力がした仕事は

$$W_{\mathrm{OA}} = q\phi(\boldsymbol{r}_{\mathrm{A}}) \tag{1.18}$$

と書くことができる．このとき，$\phi(\boldsymbol{r}_{\mathrm{A}})$ を位置 $\boldsymbol{r}_{\mathrm{A}}$ での**静電ポテンシャル**あるいは**電位**と呼び，エネルギーと同様にスカラー量である．外力がした仕事は，いわば**位置エネルギー**として，式 (1.18) の形で蓄えられる．このエネルギーは**静電エネルギー**とも呼ばれる．

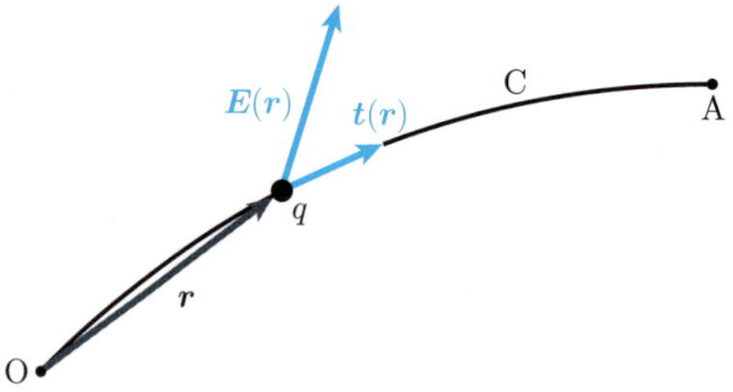

図 **1.14** 外力による電場中の電荷の移動

例題 1.5 （**点電荷による電位**） 原点にある電荷 q が位置 $\boldsymbol{r}_{\mathrm{A}}$ に作る静電ポテンシャルを基準点を無限遠方として求めよ．

［**解**］ 静電ポテンシャルは位置だけで決まり経路にはよらないから，原点から $\boldsymbol{r}_{\mathrm{A}}$ を結んだ直線上に経路をとり，その直線上を無限遠方から $\boldsymbol{r}_{\mathrm{A}}$ まで積分すればよい．この直線上に座標軸 r をとったとすると，この直線上の位置 $\boldsymbol{r}$ での電場 $\boldsymbol{E}(\boldsymbol{r})$ はクーロンの法則より，

$$\boldsymbol{E}(\boldsymbol{r}) = \frac{q}{4\pi\epsilon_0 r^2}\frac{\boldsymbol{r}}{r} \tag{1.19}$$

であり，経路上の各点の接線ベクトル $\boldsymbol{t}$ はこの電場に平行であるから，

$$\boldsymbol{E}(\boldsymbol{r})\cdot\boldsymbol{t}\mathrm{d}l = E(\boldsymbol{r})\mathrm{d}r = \frac{q}{4\pi\epsilon_0 r^2}\mathrm{d}r$$

となり，以下のように簡単に積分が実行でき，

$$\begin{aligned}\phi(\boldsymbol{r}_\mathrm{A}) &= -\int_\infty^{r_\mathrm{A}} E(r)\mathrm{d}r = -\int_\infty^{r_\mathrm{A}} \frac{q}{4\pi\epsilon_0 r^2}\mathrm{d}r = -\frac{q}{4\pi\epsilon_0}\left[-\frac{1}{r}\right]_\infty^{r_\mathrm{A}} \\ &= \frac{q}{4\pi\epsilon_0 r_\mathrm{A}} \end{aligned} \tag{1.20}$$

のように，距離だけに依存する．

点電荷が原点でなく $\boldsymbol{r}_1$ にある場合には，

$$\phi(\boldsymbol{r}_\mathrm{A}) = \frac{q}{4\pi\epsilon_0|\boldsymbol{r}_\mathrm{A}-\boldsymbol{r}_1|}$$

となる．また，電荷が多数ある場合には，電場は各電荷が作る電場ベクトルの和となるから，静電ポテンシャルも各電荷によるもののスカラーの和となる．点電荷 $q_1\sim q_n$ がそれぞれ $\boldsymbol{r}_1\sim\boldsymbol{r}_n$ にあるとき，無限遠を基準とする位置 $\boldsymbol{r}_\mathrm{A}$ における静電ポテンシャルは，

$$\phi(\boldsymbol{r}_\mathrm{A}) = \frac{1}{4\pi\epsilon_0}\sum_{i=1}^{n}\frac{q_i}{|\boldsymbol{r}_\mathrm{A}-\boldsymbol{r}_i|} \tag{1.21}$$

である．また，電荷が $\rho(\boldsymbol{r})$ で表されるように連続的に分布している場合には，ガウスの法則の場合と同様に，空間を微小領域に分割して，和を積分に変えて，

$$\phi(\boldsymbol{r}_\mathrm{A}) = \frac{1}{4\pi\epsilon_0}\int\frac{\rho(\boldsymbol{r})}{|\boldsymbol{r}_\mathrm{A}-\boldsymbol{r}|}\mathrm{d}V \tag{1.22}$$

となる．□

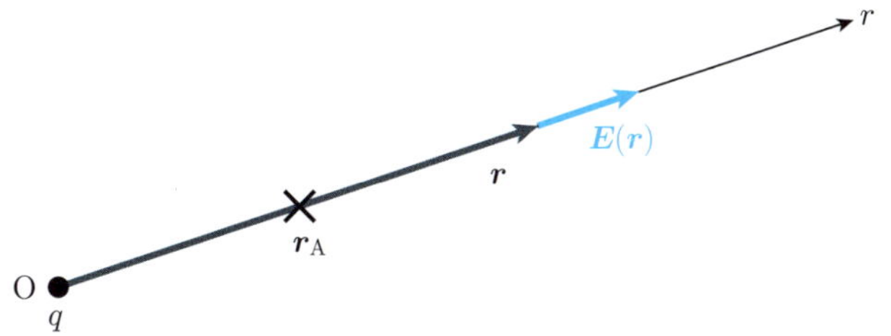

図 **1.15**　点電荷による電位

例題 1.6 **（無限に広い平面電荷による電位）** 面電荷密度 σ の無限に広い平面電荷によって作られる電位を求めよ．

［**解**］ 無限に広い平面電荷による電場の大きさは，距離によらず一定で，式 (1.15) のように

$$E = \frac{\sigma}{2\epsilon_0}$$

となる．平面電荷が $z = 0$ の平面にあるとして，電位の基準を $z = 0$ にとれば，位置 z における電位 $\phi(z)$ は $z > 0$ では，

$$\phi(z) = -\int_0^z E\mathrm{d}z' = -\frac{\sigma}{2\epsilon_0}z$$

となる．ここに電荷 q があれば，その静電エネルギーは

$$W = -q\frac{\sigma}{2\epsilon_0}z$$

となり，これは，重力加速度 g が一定と見なせる地上で質量 m の物体が高さ z で持っている位置エネルギー mgz に似ている． □

1.8 等 電 位 面

電荷分布が決まれば静電ポテンシャルが決まり，その量はスカラー量である．静電ポテンシャルの値が一定値の点の集合は空間内の面となる．この面を**等電位面**と呼ぶ．ある等電位面上の基準点 O とその近傍の点 A をとる．点 A の電位は式 (1.17) により計算されるが，OA 間の距離が十分小さければこの間の電場は一定であると見なしてよいので，

$$\phi(\boldsymbol{r}_\mathrm{A}) = -(\boldsymbol{E} \cdot \boldsymbol{t})\Delta l$$

となる．点 A は基準点 O と同じ等電位面上にあるから，$\phi(\boldsymbol{r}_\mathrm{A}) = 0$ である．したがって，$\boldsymbol{E} \cdot \boldsymbol{t} = 0$ が成り立つので，$\boldsymbol{E} \perp \boldsymbol{t}$ すなわち，電場 $\boldsymbol{E}$ は常に等電位面に垂直であるといえる．

次に，基準点 O から $\boldsymbol{t}\Delta l$ 移動し，電位が $\Delta\phi$ だけ異なっている点 A を考える．先ほどと同様に Δl が十分に小さければ，

$$\phi(\boldsymbol{r}_\mathrm{A}) = \Delta\phi = -(\boldsymbol{E} \cdot \boldsymbol{t})\Delta l$$

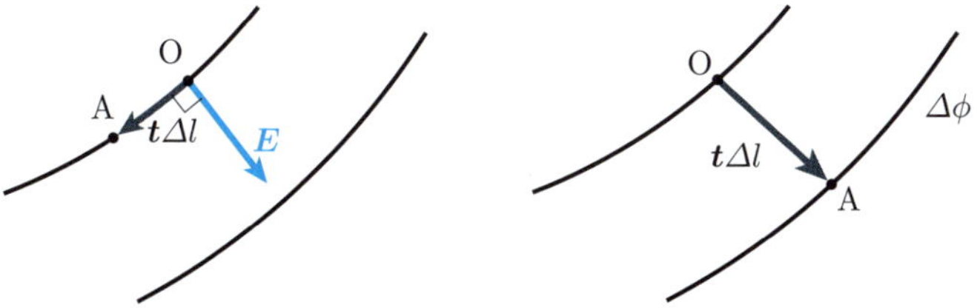

図 **1.16** 等電位線と電場の関係

であるが，$\boldsymbol{t}\Delta l = (\Delta x, \Delta y, \Delta z)$ とすると，

$$\Delta\phi = -(E_x, E_y, E_z)\cdot(\Delta x, \Delta y, \Delta z) = -E_x\Delta x - E_y\Delta y - E_z\Delta z$$

となる．この式より E_x を求めるためには，Δx を十分に小さいとし，さらに，$\Delta y = \Delta z = 0$ として，

$$E_x = -\lim_{\Delta x \to 0}\frac{\Delta\phi}{\Delta x} = -\frac{\partial\phi}{\partial x}$$

となる．ここで，∂x の記号による微分は，$\Delta y = \Delta z = 0$，すなわち，y，z を一定にして x でのみ微分することを表す．このような微分を**偏微分**という．E_y，E_z も同様にして，

$$E_y = -\frac{\partial\phi}{\partial y}$$
$$E_z = -\frac{\partial\phi}{\partial z}$$

となる．ここで，ベクトルの微分演算子 ∇（**ナブラ**）を

$$\nabla \equiv \left(\frac{\partial}{\partial x}, \frac{\partial}{\partial y}, \frac{\partial}{\partial z}\right) \tag{1.23}$$

と定義すれば，電場 $\boldsymbol{E}(\boldsymbol{r})$ と静電ポテンシャル $\phi(\boldsymbol{r})$ の関係は，

$$\boldsymbol{E} = -\nabla\phi(\boldsymbol{r}) = \left(-\frac{\partial\phi(\boldsymbol{r})}{\partial x}, -\frac{\partial\phi(\boldsymbol{r})}{\partial y}, -\frac{\partial\phi(\boldsymbol{r})}{\partial z}\right) \tag{1.24}$$

となる．$\nabla\phi$ の演算は**勾配**（gradient）とも呼ばれ，$\mathrm{grad}\phi$ とも書かれる．

例題 1.7 **（点電荷による電位から電場を求める）** 原点にある電荷 q が $\boldsymbol{r}$ に作る電場を電位から求めよ．

［**解**］ 原点にある電荷 q が $\boldsymbol{r}$ に作る電位 ϕ は，

$$\phi = \frac{q}{4\pi\epsilon_0 r}$$

である．式 (1.24) を用いて，電場を求めてみよう．電場の x 成分は

$$\begin{aligned} E_x &= -\frac{\partial}{\partial x}\phi = -\frac{\partial}{\partial x}\frac{q}{4\pi\epsilon_0 r} \\ &= -\frac{\partial}{\partial x}\left\{\frac{q}{4\pi\epsilon_0}\left(x^2+y^2+z^2\right)^{(-1/2)}\right\} \\ &= \frac{q}{4\pi\epsilon_0}x(x^2+y^2+z^2)^{(-3/2)} = \frac{q}{4\pi\epsilon_0}\frac{x}{r^3} \end{aligned}$$

である．同様に，y 成分，z 成分は，

$$\begin{aligned} E_y &= \frac{q}{4\pi\epsilon_0}\frac{y}{r^3} \\ E_z &= \frac{q}{4\pi\epsilon_0}\frac{z}{r^3} \end{aligned}$$

となる．したがって，電場 $\boldsymbol{E}$ は，

$$\boldsymbol{E} = \frac{q}{4\pi\epsilon_0 r^2}\frac{(x,y,z)}{r} = \frac{q}{4\pi\epsilon_0 r^2}\frac{\boldsymbol{r}}{r}$$

となり，クーロンの法則から得られる電場が求まる． □

1.9 渦なしの法則

基準点 O から点 P を通って点 A に至る経路と，点 P とは異なる点 Q を通る経路を考える．点 A の静電ポテンシャルは経路に関わらず同じ値であるから，

$$\phi(\boldsymbol{r}_{\mathrm{A}}) = -\int_{\mathrm{OPA}}\boldsymbol{E}(\boldsymbol{r})\cdot\boldsymbol{t}(\boldsymbol{r})\mathrm{d}l = -\int_{\mathrm{OQA}}\boldsymbol{E}(\boldsymbol{r})\cdot\boldsymbol{t}(\boldsymbol{r})\mathrm{d}l$$

である．ここで，点 O を出て点 P を通り点 A に至り，さらに点 Q を通って点 O に戻ってくる経路を考える．このような閉じた経路 OPAQO は，経路 OPA

と経路 AQO の和であり，経路 AQO の積分は経路 OQA の逆の経路であり積分の符号を変えればよい．したがって，

$$\begin{aligned}\oint_{\mathrm{OPAQO}} \boldsymbol{E}(\boldsymbol{r})\cdot\boldsymbol{t}(\boldsymbol{r})\mathrm{d}l &= \int_{\mathrm{OPA}} \boldsymbol{E}(\boldsymbol{r})\cdot\boldsymbol{t}(\boldsymbol{r})\mathrm{d}l + \int_{\mathrm{AQO}} \boldsymbol{E}(\boldsymbol{r})\cdot\boldsymbol{t}(\boldsymbol{r})\mathrm{d}l \\ &= \int_{\mathrm{OPA}} \boldsymbol{E}(\boldsymbol{r})\cdot\boldsymbol{t}(\boldsymbol{r})\mathrm{d}l - \int_{\mathrm{OQA}} \boldsymbol{E}(\boldsymbol{r})\cdot\boldsymbol{t}(\boldsymbol{r})\mathrm{d}l \\ &= 0\end{aligned}$$

となる．すなわち，任意の閉じた経路 C について，

$$\oint_{\mathrm{C}} \boldsymbol{E}(\boldsymbol{r})\cdot\boldsymbol{t}(\boldsymbol{r})\mathrm{d}l = 0 \tag{1.25}$$

が成り立つ．この関係は**渦なしの法則**と呼ばれる．その名前の由来は，もし仮に，ベクトル $\boldsymbol{E}(\boldsymbol{r})$ がある点を中心に渦を巻くように回転している場合には，左辺の積分がゼロにならず，したがって，式 (1.25) の要請は，静電場にはそのような渦が存在しないことを意味しているからである．

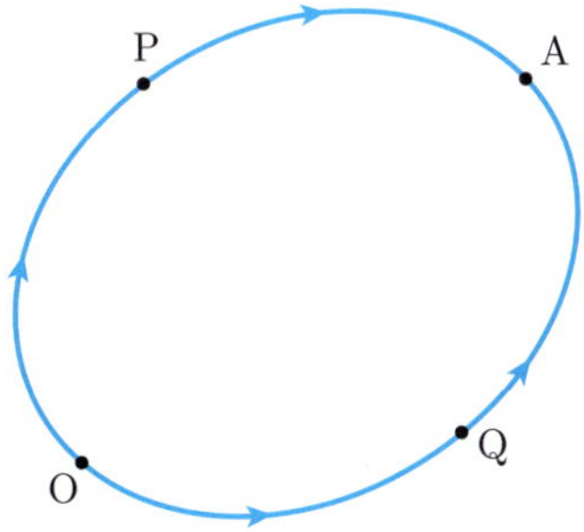

図 1.17 渦なしの法則

静電場ではこの渦なしの法則と，式 (1.12) のガウスの法則が基本法則となる．

第1章 演習問題

演習 1.1 (クーロン力と重力) クーロン力 F_{C} と重力 F_{G} は距離 r に対して同じ依存性，すなわち

$$F_{\mathrm{C}} = \frac{1}{4\pi\epsilon_0}\frac{qQ}{r^2}$$
$$F_{\mathrm{G}} = G\frac{mM}{r^2}$$

を持っている．水素原子について，電子（$q = -e = -1.6 \times 10^{-16}\,\mathrm{C}$，$m = 9.1 \times 10^{-31}\,\mathrm{kg}$）と陽子（$Q = +e$，$M = 1.7 \times 10^{-27}\,\mathrm{kg}$）について，距離を $r = 5.3 \times 10^{-11}\,\mathrm{m}$，$\frac{1}{4\pi\epsilon_0} = 9.0 \times 10^9\,\mathrm{Nm^2/C^2}$，$G = 6.7 \times 10^{-11}\,\mathrm{Nm^2/kg^2}$ として，クーロン力の大きさと重力の大きさを比較せよ．

演習 1.2 (双極子が作る電場) $\pm q$ の電荷が対になっているものを**双極子**という．$+q$ が $(0,0,\frac{d}{2})$，$-q$ が $(0,0,-\frac{d}{2})$ にあるとして，位置 $\boldsymbol{r} = (x,y,z)$ における電場を求めよ．

演習 1.3 (リングが作る電場) 原点を中心とする半径 a で線電荷密度 λ のリングが xy 平面上にあるとき，z 軸上での電場を求めよ．

演習 1.4 (無限に長い円柱電荷分布が作る電場) z 軸を中心軸として半径 a で電荷密度 ρ_0 の無限に長い円柱電荷分布があるとき，その内外に作る電場を求めよ．

演習 1.5 (双極子が作る電位) $\pm q$ が $(0,0,\pm\frac{d}{2})$ にある双極子が $\boldsymbol{r}$ に作る電位を求めよ．また，$d \ll r$ のときの電位と電場を求めよ．

演習 1.6 (無限に長い直線電荷による電位) z 軸上にある線電荷密度 λ の無限に長い直線電荷が作る電位を求めよ．

第2章

導体と静電場

電気をよく伝える金属などの導体のまわりの静電場と，導体からできているコンデンサー，さらに，電場が持つエネルギーについて学ぶ．

2.1 導体と絶縁体

物質には電気を伝えるものと伝えないものがある．それぞれ**導体**と**絶縁体**と呼ばれている．導体の代表例は金属であり，送電線に用いられるなど，社会には欠かせないものである．一方，絶縁体はガラスやプラスチック，セラミックなどさまざまなものがあるが，こちらも，送電線の被覆や電気回路の基板など，導体とペアで用いられることも多く，やはり欠かせないものである．もちろん，絶縁体といってもまったく電気を伝えないわけではないし，導体の中でも電気の伝えやすさには差がある．電気の伝えやすさ（伝えにくさ）を表す物理量として電気伝導率（抵抗率）があるが，導体と絶縁体を比べるとその値には20桁程度の差がある．この差をもたらすものは，物質中で電気を運ぶ**伝導電子**の有無である．すべての物質は原子からできていて，その原子は原子核と電子からできているので，もちろん，すべての物質中には多数の電子が存在している．しかし，絶縁体では，その電子は原子に強く束縛され，自由に動き回ることができない．一方，たとえば金属では，金属原子が結晶を組み，それぞれの原子の最外殻の電子が個々の原子から離れ，結晶内を自由に運動する自由電子となり，これが電気伝導をもたらす．なお，**半導体**は絶縁体と導体の中間に位置するが，不純物原子を含まない真性半導体は絶縁体と同様に伝導電子を持たず，絶対零度（0 K）では絶縁体として振る舞う．ある有限の温度では熱エネルギーを得た電子が伝導電子として振る舞い，電気伝導が発生する．

2.2 静電誘導と導体まわりの静電場

導体を電場中に置くと何がおこるだろうか．導体内部にはその中を自由に動き回ることができる伝導電子が存在している．この電子は $-e$ の電荷を持つので外部からの電場により力を受け，電場の向きとは逆向きに移動する．導体はもともと中性であったので，電子が移動した後はその場所は相対的に $+e$ の電荷をおびるようになる．これらの電荷は導体表面まで移動し，導体内部では外部の電場を打ち消すような向きの**誘導電場**が生じる．内部に有限の電場が存在する限り電子は移動をするので，最終的には導体内部の電場がゼロになるまで電子は移動を続け，電荷は表面だけに存在するようになる．このような現象は**静電誘導**と呼ばれ，静電誘導によって導体表面に生じた電荷は**誘導電荷**と呼ばれる．導体外部には外部からの電場に加えて誘導電荷によって生じる電場が加わった電場が存在することになる．

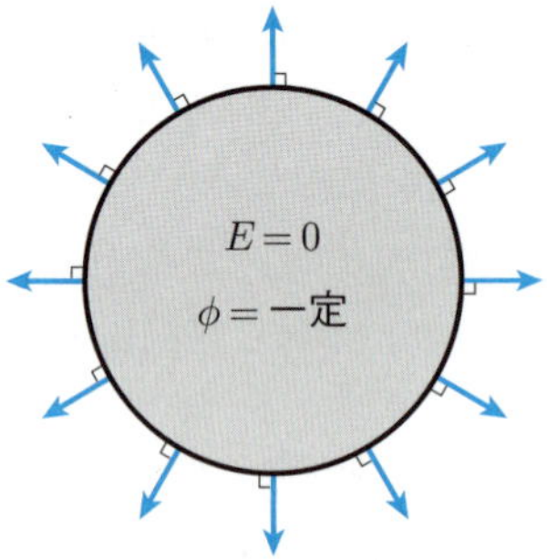

図 2.1　導体まわりの電場

定常状態において導体内部では電場は常にゼロなので，式 (1.17) から明らかなように，導体内部では静電ポテンシャルは一定である．したがって，導体表面でも静電ポテンシャルは一定であり，表面が等電位面となる．1.8 節で見たように，電場は等電位面に対して垂直であるから，導体外部にある電場は，導体表面に対して常に垂直になる．この電場と導体表面の誘導電荷の関係を考えてみよう．

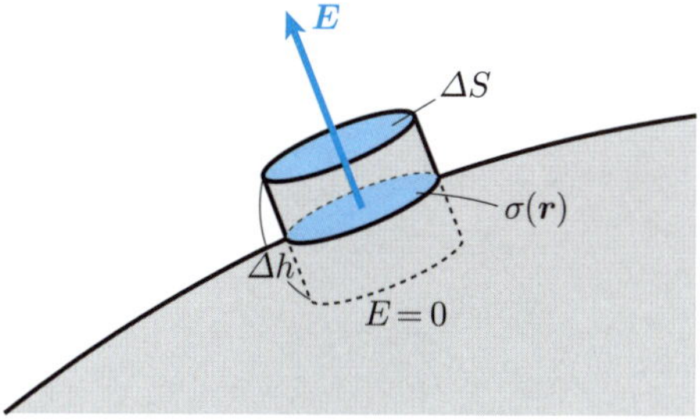

図 **2.2**　導体表面でガウスの法則を適用

静電誘導によって導体表面の位置 $\boldsymbol{r}$ に生じる誘導電荷を電荷密度 $\sigma(\boldsymbol{r})$，導体外部の電場を $\boldsymbol{E}(\boldsymbol{r})$ として，導体表面にガウスの法則 (1.12) を適用する．閉曲面として，たとえば，上面と下面の面積が ΔS，高さが Δh の円柱を考える．上面と下面は導体表面に平行で，ΔS，Δh ともに十分に小さいとすると，この閉曲面上では，上面にのみ面に垂直な電場の成分が存在し，この電場の大きさは上面上で一定の値 $E(\boldsymbol{r})$ と考えられるので，

$$\begin{aligned}\int_{\mathrm{S}} \boldsymbol{E}(\boldsymbol{r})\cdot\boldsymbol{n}(\boldsymbol{r})\mathrm{d}S &= E(\boldsymbol{r})\Delta S \\ &= \frac{1}{\epsilon_0}(\text{閉曲面内の総電荷}) \\ &= \frac{1}{\epsilon_0}\sigma(\boldsymbol{r})\Delta S\end{aligned}$$

となり，したがって，電場の大きさは，

$$E(\boldsymbol{r}) = \frac{\sigma(\boldsymbol{r})}{\epsilon_0} \tag{2.1}$$

となる．また，電場ベクトルは導体表面に常に垂直なので，表面に垂直で外向きの単位ベクトルを $\boldsymbol{n}(\boldsymbol{r})$ とすれば，

$$\boldsymbol{E}(\boldsymbol{r}) = \frac{\sigma(\boldsymbol{r})}{\epsilon_0}\boldsymbol{n}(\boldsymbol{r}) \tag{2.2}$$

となる．

2.3 電気容量

半径 R の導体球に電荷 Q を帯電させた場合を考えてみよう．

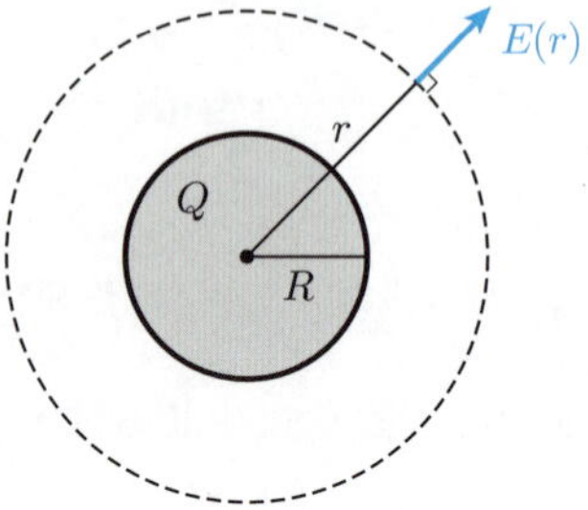

図 2.3 半径 R の導体球

導体内部では電場も電荷もゼロであるので，与えられた電荷はすべて導体表面に分布する．導体球の外側の電場はガウスの法則を用いれば簡単に計算できる．電荷は球対称に分布するので，電場も球対称となるであろう．球の中心を原点として，そこからの半径 r の球面を閉曲面としてガウスの法則を適用すれば，この球面上で電場は常に面に垂直でその大きさは一定値 $E(r)$ であり，また電荷は球面上にしかないから，

$$\int_{\text{半径 } r \text{ の球面}} \boldsymbol{E}(\boldsymbol{r}) \cdot \boldsymbol{n}(\boldsymbol{r}) \mathrm{d}S = 4\pi r^2 E(r) = \begin{cases} 0 & (r < R) \\ \dfrac{Q}{\epsilon_0} & (r \geq R) \end{cases}$$

となり，

$$E(r) = \begin{cases} 0 & (r < R) \\ \dfrac{Q}{4\pi\epsilon_0 r^2} & (r \geq R) \end{cases} \tag{2.3}$$

となる．このとき静電ポテンシャルは無限遠方を基準にとれば，

$$\begin{aligned} \phi(r) &= -\int_{\infty}^{r} E(r')\mathrm{d}r' \\ &= \begin{cases} -\displaystyle\int_{\infty}^{R} \frac{Q}{4\pi\epsilon_0 r'^2}\mathrm{d}r' - \int_{R}^{r} 0\mathrm{d}r' = \frac{Q}{4\pi\epsilon_0 R} & (r < R) \\ -\displaystyle\int_{\infty}^{r} \frac{Q}{4\pi\epsilon_0 r'^2}\mathrm{d}r' = \frac{Q}{4\pi\epsilon_0 r} & (r \geq R) \end{cases} \end{aligned}$$

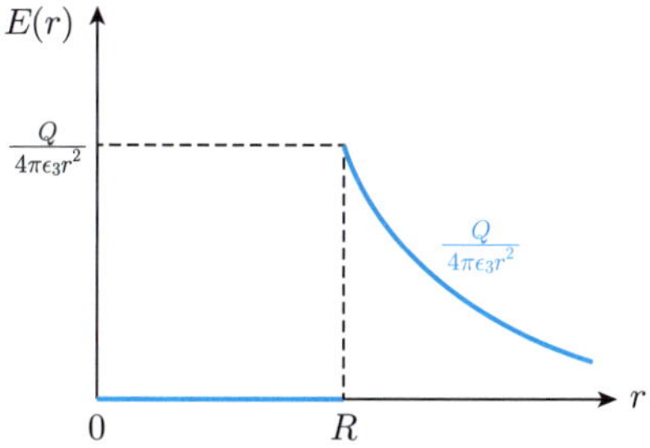

図 **2.4**　半径 R の導体球が作る電場

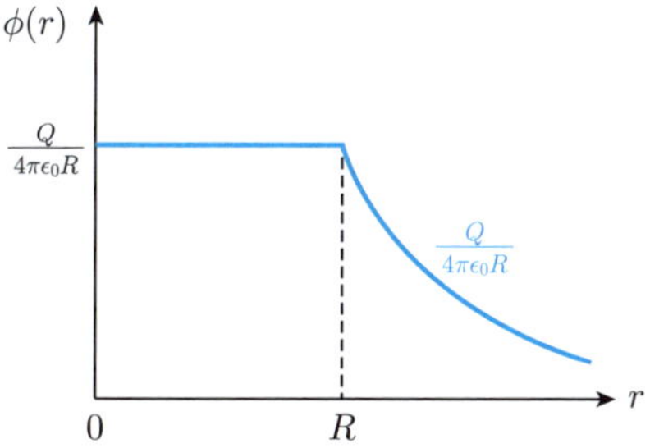

図 **2.5**　半径 R の導体球が作る電位

と求まる．したがって，この導体球の静電ポテンシャル ϕ は，

$$\phi = \frac{Q}{4\pi\epsilon_0 R} \tag{2.4}$$

となり，同じ電荷 Q を与えても，導体球の半径 R が大きいほど，静電ポテンシャルの上昇は小さく抑えられる．このことは，導体球の半径 R が大きいほど電荷を蓄えることができる容量が大きくなると考えてもよい．この電荷を蓄えることができる容量のことを**電気容量**といい，電気容量を C とすると，電荷 Q，静電ポテンシャル ϕ との関係は，

$$Q = C\phi \tag{2.5}$$

である．式 (2.4) より，半径 R の導体球では，電気容量は，

$$C = 4\pi\epsilon_0 R \tag{2.6}$$

である．

MKSA単位系では1Cの電荷を与えたときに静電ポテンシャルが1Vとなる導体の電気容量を1F（**ファラッド**）とする．すなわち，

$$1\,\mathrm{F} = 1\,\mathrm{C/V}$$

である．

2.4 コンデンサー

電荷を蓄えるには孤立した導体よりも2個の導体を近づけた方がよい．そのようなものを**コンデンサー**と呼ぶ．たとえば，一対の平行導体板（面積 S，間隔 l）は，平行板コンデンサーと呼ばれる．この電気容量は次のように求められる．2枚の導体板にそれぞれ $\pm Q$ の電荷を与えると，その電荷は導体板上に一様な密度，

$$\sigma = \pm\frac{Q}{S}$$

で分布する．導体板は間隔に比べて十分に広いとすると，端のことは考えなくてよいので，無限に広い平面電荷分布と同様に，導体板の両側に

$$\pm\frac{\sigma}{2\epsilon_0}$$

の電場を作る．導体板の間は両方の導体板からの電場が強め合って，一様に一定値

$$E = \frac{\sigma}{\epsilon_0} = \frac{Q}{\epsilon_0 S} \tag{2.7}$$

の大きさの電場となり，また，外側では，2つの導体板からの電場が打ち消しあって，ゼロとなる．電極間の電位差 V は，

$$V = \int_0^l E\mathrm{d}x = El = \frac{Ql}{\epsilon_0 S} \tag{2.8}$$

となり，電気容量の定義式 (2.5) より，

$$C = \frac{\epsilon_0 S}{l} \tag{2.9}$$

となる．

このとき，このコンデンサーが持っているエネルギーを計算してみよう．は

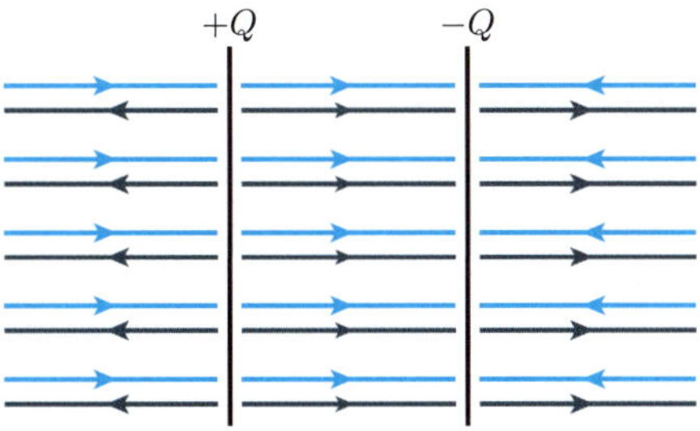

図 **2.6** 平行板コンデンサー

じめ電荷がゼロであった 2 枚の導体板の片方から微小電荷 Δq を両方の導体板の電荷が $\pm Q$ になるまで繰り返し運んだとする．その間に行った仕事がコンデンサーのエネルギーとして蓄えられる．導体板の電荷が $\pm q$ のとき，導体板間の電場の大きさは

$$E(q) = \frac{q}{\epsilon_0 S} \tag{2.10}$$

である．この状況で，$-q$ に帯電した導体板から $+q$ に帯電した導体板へ Δq だけ微小電荷を移動するとする．このとき，この微小電荷に働く力 ΔF は，

$$\Delta F = \Delta q E(q) = \frac{q}{\epsilon_0 S}\Delta q$$

であり，これを導体板間の距離 l だけ移動するとすると，その間にした仕事 ΔW は，

$$\Delta W = \Delta F \times l = \frac{ql}{\epsilon_0 S}\Delta q$$

となる．これを，$q = 0 \sim Q$ まで行うのに必要な仕事は，Δq を小さいとして積分を行い，

$$W = \int_{q=0}^{q=Q} \mathrm{d}W = \int_0^Q \frac{ql}{\epsilon_0 S}\mathrm{d}q = \frac{lQ^2}{2\epsilon_0 S}$$

となる．このコンデンサーの電気容量は式 (2.9) より $C = \frac{\epsilon_0 S}{l}$ であり，電位差は式 (2.8) より $V = \frac{Ql}{\epsilon_0 S}$ なので，コンデンサーに蓄えられたエネルギー U は，

$$U = W = \frac{Q^2}{2C} = \frac{1}{2}QV = \frac{1}{2}CV^2 \tag{2.11}$$

となる．これは，バネの**弾性エネルギー**が変位によってバネに生じた「歪み」にエネルギーが蓄えられているように，導体板間にエネルギーが蓄えられていると見ることができる．

2.5 静電場のエネルギー

コンデンサーに蓄えられているエネルギーを，**電場のエネルギー**として見てみよう．電気容量 C のコンデンサーに電荷が Q 蓄えられているとき，そのコンデンサーが持っているエネルギーは式 (2.11) のように書くことができるが，導体板間の電場 (2.10) によって，この式を書きかえれば，

$$U = \frac{1}{2}\epsilon_0 E^2 \cdot (Sl) \tag{2.12}$$

となる．電場は導体板間にしか存在しないので，その体積は Sl であるから，単位体積あたりの電場のエネルギー，すなわち，エネルギー密度 u_{e} は，

$$u_{\mathrm{e}} = \frac{1}{2}\epsilon_0 E^2 \tag{2.13}$$

と書き表すことができる．また，電束密度を用いればこの式は，

$$u_{\mathrm{e}} = \frac{1}{2}ED$$

と書くこともできる．

例として，半径 R の導体球に電荷 Q を与えた場合の静電場のエネルギーを，コンデンサーに蓄えられているエネルギー，および，導体球が作る電場のエネルギー，の両方で計算してみよう．

(i) コンデンサーに蓄えられているエネルギー

半径 R の導体球をコンデンサーとすると，その電気容量は，式 (2.6) であり，そこに電荷 Q が蓄えられているから，そのエネルギー U は，

$$U = \frac{1}{2C}Q^2 = \frac{Q^2}{8\pi\epsilon_0 R}$$

である．

(ii) 導体球が作る電場のエネルギー

半径 R の導体球に電荷 Q が蓄えられているとき，導体の中心から距離 r での電場の大きさは，式 (2.3) で与えられる．したがって，このエネルギー密度は

$$u_{\mathrm{e}}(r) = \begin{cases} 0 & (r < R) \\ \dfrac{Q^2}{32\pi^2\epsilon_0 r^4} & (r \geq R) \end{cases}$$

となる．中心から半径 r の球と半径 $r + \Delta r$ にはさまれた球殻の体積は，Δr が十分に小さいときには，半径 r の球の表面積 $4\pi r^2$ に球殻の厚み Δr をかければよいので，$4\pi r^2 \Delta r$ となる．この球殻内のエネルギーは，$r > R$ の領域では，

$$4\pi r^2 \Delta r \cdot u_{\mathrm{e}}(r) = \frac{Q^2}{8\pi\epsilon_0 r^2}\Delta r$$

となり，導体球内部（$r < R$）では，$E = 0$ よりゼロとなるので，電場の全エネルギーは，これを全空間にわたって r で積分を行い，

$$U = \int_0^R 0\mathrm{d}r + \int_R^\infty \frac{Q^2}{8\pi\epsilon_0 r^2}\mathrm{d}r = \frac{Q^2}{8\pi\epsilon_0 R}$$

となる．これは，導体球をコンデンサーと考えたときに，それが持っているエネルギーと一致する．

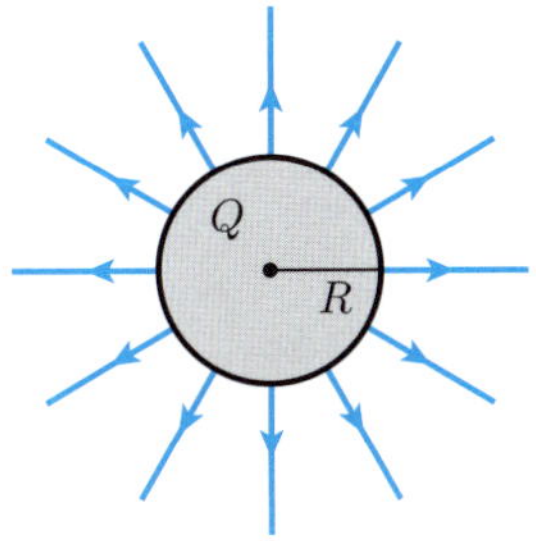

図 **2.7**　半径 R の導体球が作る電場の様子

第2章 演習問題

演習 2.1（同心球コンデンサー） 半径 a と半径 b $(b > a)$ の導体球が同じ中心を持っているとき，この 2 つの導体が作るコンデンサーの電気容量を求めよ．

演習 2.2（円筒形コンデンサー） 半径が a と b $(b > a)$ で長さが L の 2 つの円筒導体が共通の中心軸を持っているとき，これらの導体が作るコンデンサーの電気容量を求めよ．

演習 2.3（鏡像法） 導体が $z < 0$ の領域にあり，その導体平面の外部 $(0, 0, h)$ の位置に点電荷 $+q$ があるとき，導体内外の電場と，導体表面に誘起される誘導電荷を求めよ．なお，導体の表面では電位が一定であり，導体表面が等電位面になっている．電場は等電位面（$z = 0$ の面）に対して垂直となる．このような電場は，$(0, 0, h)$ の位置に置かれた電荷 $+q$ に対して，導体面の反対側 $(0, 0, -h)$ に逆の電荷 $-q$ を置いたときに 2 つの電荷によって作られる電場に等しい．このように，仮想的に逆の電荷を導体面の反対側に置いて，導体と電荷があるときの電場を解く方法を**鏡像法**（**鏡映法**）という．

演習 2.4（コンデンサーの極板間に働く力） $\pm Q$ に帯電したコンデンサーの電極間はクーロン力によって引き合う．極板の面積 S，距離 d の平板コンデンサーの極板間に働く力をコンデンサーのエネルギーから求めよ．なお，一般に，エネルギー U が位置 x の関数であるとき，x 方向の力 F_x は $F_x = -\frac{\partial U}{\partial x}$ で与えられる．

第3章

電流と静磁場

これまでに電荷が電場を作ることを学んだが，磁石によっても作られる磁場のもとは何であろうか．ここでは，電流とそれが作る磁場について学ぶ．

3.1 電流と電流密度

電荷は導体中を自由に動くことができる．したがって，導体に電場があると，電荷が電場によって力を受けて移動する．この電荷の移動を**電流**という．電流の単位は先に述べたようにアンペア（A）であるが，これは，1 C の電荷が 1 秒間に移動するときに流れる電流である．多くの場合，電流を担う電荷は電子である．電子の電荷量は 1.602×10^{-19} C であり，その符号は負であるので，導体中の電場の向きとは逆向きに移動する．このとき，電流の向きは電子の移動の向きとは逆向きとなる．t 秒間に電荷量 Q の電荷が面積 S の面を垂直に一様かつ定常的に通過したとすると，流れた電流 I は，

$$I = \frac{Q}{t}$$

であり，また，この面上での**電流密度** j は，

$$j = \frac{I}{S} \tag{3.1}$$

であり，単位は $\mathrm{A/m^2}$ である．通過する電荷量が時間的に変化する場合には，

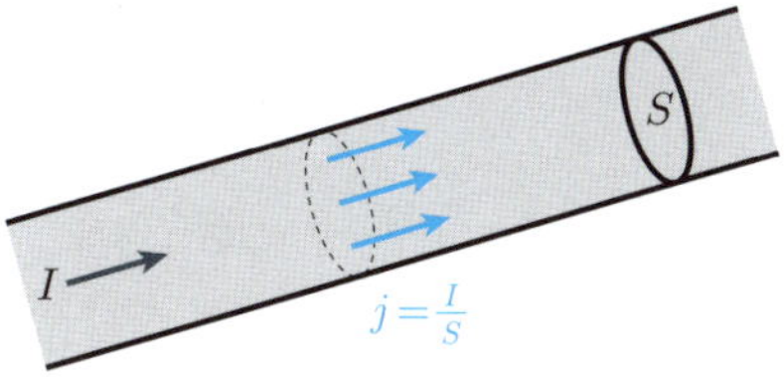

図 3.1　電流と電流密度

時間 Δt の間に通過した電荷量を Δq とすると，

$$I = \frac{\Delta q}{\Delta t}$$

となり，十分短い時間であれば，

$$I = \frac{\mathrm{d}q}{\mathrm{d}t} \tag{3.2}$$

となる．

時間的に電流の強さが変動せず流れ続ける電流を**定常電流**という．**図 3.2(a)** のように1本の導線を定常電流が流れているとき，導線のどの点でも電流の強さは等しい．すなわち，A 点と B 点の電流の強さをそれぞれ I_A，I_B とすれば，$I_\mathrm{A} = I_\mathrm{B}$ が成り立つ．また，導線に分岐点がある場合，分岐点に入ってくる電流と出て行く電流は等しい．**図 3.2(b)** の例の場合には，$I_1 + I_2 = I_3 + I_4$ である．定常電流が流れている状態では，電荷が溜まることなく消えることもない．これを一般化すれば，ある点から流れ出る電流を I_i とし，流れ込む電流を負にとることにすれば，任意の点において，

$$\sum_i I_i = 0$$

が成り立つ．これを，**キルヒホッフの第1法則**という．

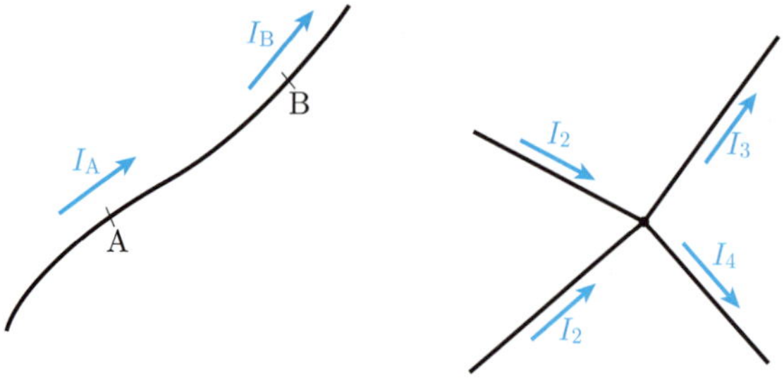

(a) **(b)**

図 3.2 キルヒホッフの第1法則

3.2 オームの法則

導線の両端にあまり大きくない電位差 V を与えると，導線に流れる電流 I は電位差に比例する．このとき，

$$I = \frac{V}{R} \tag{3.3}$$

と表すことができる．これを**オームの法則**と呼ぶ．このとき，係数 R は**電気抵抗**と呼ばれる電気の流れにくさを表す量で，単位はオーム（Ω）である．

長さ L，断面積 S で電気抵抗 R の導線を考える．この導線を直列に 2 本繋いで，その両端に電圧 V をかけたとすると，それぞれの導線には $\frac{V}{2}$ の電圧がかかるので，導線には $\frac{V}{2R}$ の電流が流れる．すなわち，2 本の導線をまとめて $2L$ の導線になったと見なすと，電気抵抗が 2 倍になったと考えることができる．一方，2 本の導線を並列に繋いだ場合，その両端に電圧 V をかけると，それぞれの導線に $\frac{V}{R}$ の電流が流れるため，合計 $\frac{2V}{R}$ の電流が流れることになる．したがって，並列に繋いだ場合には 2 本の導線を束ねて断面積が $2S$ になったと見なして，電気抵抗が $\frac{R}{2}$ になったと考えることができる．これを一般化すれば，導線の電気抵抗は導線の長さ L に比例し，断面積 S に反比例することがわかる．そこで，比例定数として**抵抗率**（**比抵抗**）ρ を導入すれば，電気抵抗は，

$$R = \rho\frac{L}{S} \tag{3.4}$$

と書くことができる．また，抵抗率の逆数

$$\sigma = \frac{1}{\rho}$$

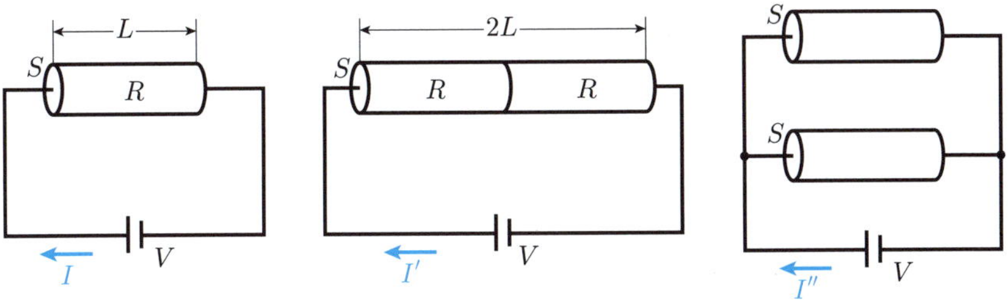

図 3.3　長さ L，断面積 S で電気抵抗 R の導線

を**電気伝導率**と呼ぶ．電圧 V がかけられて電流 I が流れている長さ L の導線中には，一定で一様な電場 E があると考えると，導線の両端電圧は $V = EL$ と書くことができる．また，電流密度は定義より $j = \frac{I}{S}$ である．これらにオームの法則 (3.3) と電気抵抗 (3.4) の式を用いれば，

$$j = \sigma E \tag{3.5}$$

と書くことができる．これは，オームの法則の微視的な表現である．この式は，一般の電場の場合にも成り立ち，空間上の $\boldsymbol{r}$ の位置での電流密度 $\boldsymbol{j}(\boldsymbol{r})$ は，その位置での電場 $\boldsymbol{E}(\boldsymbol{r})$ と電気伝導率 σ を用いれば，

$$\boldsymbol{j}(\boldsymbol{r}) = \sigma \boldsymbol{E}(\boldsymbol{r}) \tag{3.6}$$

または，抵抗率 ρ を用いれば，

$$\boldsymbol{E}(\boldsymbol{r}) = \rho \boldsymbol{j}(\boldsymbol{r}) \tag{3.7}$$

と書くことができる．

例題 3.1 **（物体の電気抵抗を求める）** 面積 S，長さ L の容器に抵抗率 ρ（電気伝導率 σ）の物質が入っている場合の抵抗を求めよ．

［**解**］ この容器の両端に電圧 V をかけたときに，一定の電流 I が物質内を一様に流れたとする．このとき，容器の断面積が S なので，物質内を流れる電流密度は，

$$j = \frac{I}{S}$$

となり，物質内の電場の大きさ E は，

$$E = \rho j = \rho \frac{I}{S}$$

となる．物質内では電場は一定で一様なので，両端の電圧 V は，

$$V = EL = \rho \frac{L}{S} I$$

となるので，式 (3.3) から，

$$R = \rho \frac{L}{S}$$

が得られる．これは，もちろん式 (3.4) と同じである． □

3.3 金属電子論

金属の電気伝導を担うのは負の電荷 $-e$ を持った自由電子である．断面積 S の金属棒に外部から電圧を印加して内部に金属棒の軸方向を向いた電場 $\boldsymbol{E}$ がかかっているとすると，電子には $-e\boldsymbol{E}$ の力が働く．電子の質量を m，速度を $\boldsymbol{v}$ とすると，運動方程式は，

$$m\frac{\mathrm{d}\boldsymbol{v}}{\mathrm{d}t} = -e\boldsymbol{E}$$

となり，電子は加速度 $-\frac{e\boldsymbol{E}}{m}$ で等加速度運動をする．電子が時刻 $t=0$ で静止していたとすると，電子の速度は，

$$\boldsymbol{v}(t) = -\frac{e\boldsymbol{E}}{m}t \tag{3.8}$$

となり，時間とともに電子の速さは増大する．金属中の電子がすべて，同様に運動していたとすると，$\boldsymbol{v}$ に垂直な面積 S を単位時間あたりに貫く電子の数は，電子の密度を n とすると，nSv であり，電子の電荷量は e であるから，電流は $-enS\boldsymbol{v}$ となり，電流密度 $\boldsymbol{j}$ は

$$\boldsymbol{j} = -en\boldsymbol{v} = \frac{e^2n}{m}\boldsymbol{E}t$$

となる．したがって，電流も時間とともに増大し，時間変化しない定常電流とはならない．実際には，電子の加速を阻害する抵抗力が働く．その原因は，金属中の原子の振動による電子の散乱である．空気中で運動する物体が受ける空気による摩擦力と同様に抵抗力 $\boldsymbol{f}$ が速度に比例して逆向きに働くとすると，

$$\boldsymbol{f} = -\beta\boldsymbol{v}$$

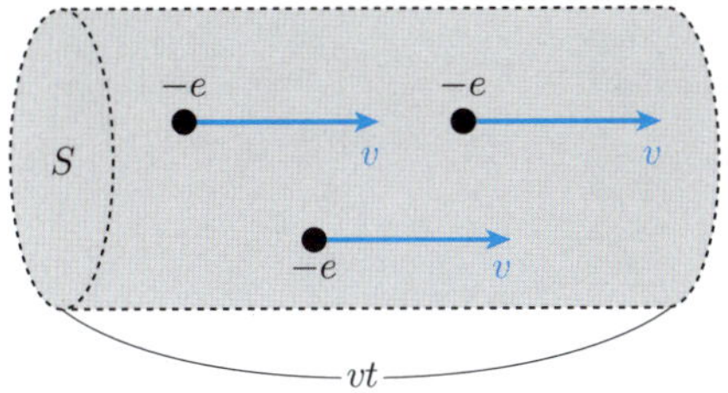

図 3.4　金属棒中の自由電子の運動

として，運動方程式は，

$$m\frac{\mathrm{d}\boldsymbol{v}}{\mathrm{d}t} = -e\boldsymbol{E} - \beta\boldsymbol{v}$$

となる．抵抗力と電場による力がつり合えば，電子は等速運動を行うから，$-e\boldsymbol{E} - \beta\boldsymbol{v} = 0$ より，

$$\boldsymbol{v} = -\frac{e}{\beta}\boldsymbol{E}$$

となり，電流密度は，

$$\boldsymbol{j} = \frac{e^2 n}{\beta}\boldsymbol{E}$$

となる．これは，微視的なオームの法則 (3.6) と等価な式である．$\beta = \frac{m}{\tau}$ とおけば，電気伝導度は，

$$\sigma = \frac{e^2 n\tau}{m}$$

と表される．ここで，τ は電子が原子などの散乱を受けずに自由に運動できる時間に対応している．

電子は金属中を，$-e\boldsymbol{E}$ の力を受けながら等速度 $\boldsymbol{v}$ で運動しているとすると，単位時間の間に電子は $\boldsymbol{v}$ だけ移動し，その間に電場から $-e\boldsymbol{E}\cdot\boldsymbol{v}$ の仕事をされる．しかし，電子の速度は変化しないから運動エネルギーは増加しない．電場からされた仕事はすべて熱として消費される．単位時間・単位体積あたりに消費されるエネルギー w は

$$w = -en\boldsymbol{E}\cdot\boldsymbol{v} = \boldsymbol{E}\cdot\boldsymbol{j} = \sigma\boldsymbol{E}^2 = \sigma E^2$$

となる．これを**ジュール熱**と呼ぶ．断面積 S，長さ L の導線を考えると，この導線からの単位時間あたりの発熱量 P は，w に導線の体積 SL をかけて，

$$P = wSL = L\boldsymbol{E}\cdot\boldsymbol{j}S$$

であり，$\boldsymbol{E}$ と $\boldsymbol{j}$ が導線内で場所によらず一定であれば，$\boldsymbol{E}$ と $\boldsymbol{j}$ はともに導線の軸方向を向いているので，LE は両端の電圧であり，iS は導線に流れる電流となる．したがって，

$$P = VI = RI^2$$

と表される．単位はワット（$\mathrm{W = J/s}$）である．

3.4 準定常電流

電流が時間的に変動すると後で述べるように電流によって作られる磁場が変化し，それによって電磁波が発生するが，その効果を無視できる程度のゆるやかな時間変化では，定常電流の場合と同じように取り扱うことができる．このような電流を**準定常電流**という．

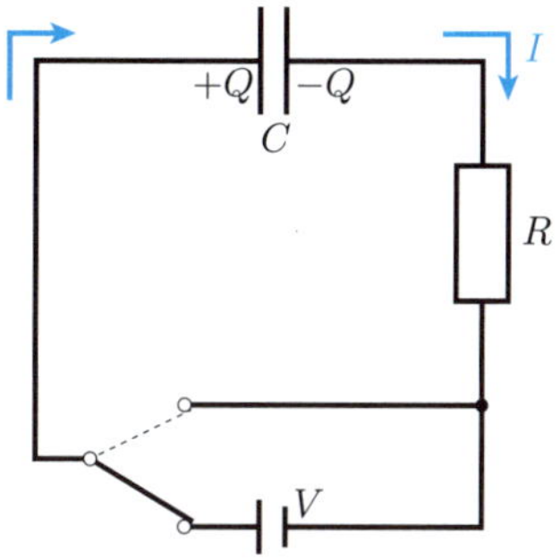

図 **3.5** RC 回路

図 3.5 のように電気容量 C のコンデンサーと電気抵抗 R の抵抗，および電位差 V を発生させる電源からなる回路で，コンデンサーの充電・放電を考える．コンデンサーの両端の電圧を V_{C} とし，回路に流れる電流を I とすると，電流の流れる向きに抵抗の両端でオームの法則にしたがって RI の電圧降下がおこる．この閉回路において，電位差の向きを考慮して，

$$-V_{\mathrm{C}} - RI + V = 0$$

が成り立つ．一般に，任意の閉回路において，向きを考慮した各部分の電位差を ϕ_i とすると，

$$\sum_i \phi_i = 0$$

が成り立つ．これを，**キルヒホッフの第 2 法則**という．上記の回路はその例である．コンデンサーに蓄えられている電荷を Q とすると，

$$V_{\mathrm{C}} = \frac{Q}{C}$$

となる．また，回路に流れる電流はコンデンサーの電荷量 Q を増加させるので，

$$\frac{\mathrm{d}Q}{\mathrm{d}t} = I$$

となる．これらの関係式よりこの回路では，電荷量 Q に関する微分方程式

$$\frac{\mathrm{d}Q}{\mathrm{d}t} = -\frac{1}{RC}Q + \frac{V}{R} = -\frac{1}{RC}(Q - CV)$$

が成り立つ．これを以下のように，

$$\begin{aligned}
&\frac{\mathrm{d}Q}{Q - CV} = -\frac{1}{RC}\mathrm{d}t \\
&\int \frac{1}{Q - CV}\mathrm{d}Q = -\int \frac{1}{RC}\mathrm{d}t \\
&\log(Q - CV) = -\frac{t}{RC} + A \\
&Q - CV = \exp\left(-\frac{t}{RC} + A\right) \\
&Q = CV + A' \exp\left(-\frac{t}{RC}\right)
\end{aligned}$$

と微分方程式を解き，$t = 0$ で $Q = 0$ の条件より $A' = -CV$ となるので，

$$Q(t) = CV\left\{1 - \exp\left(-\frac{t}{RC}\right)\right\}$$

と求まる．また電流は，

$$I(t) = \frac{\mathrm{d}Q(t)}{\mathrm{d}t} = \frac{V}{R}\exp\left(-\frac{t}{RC}\right)$$

となる．

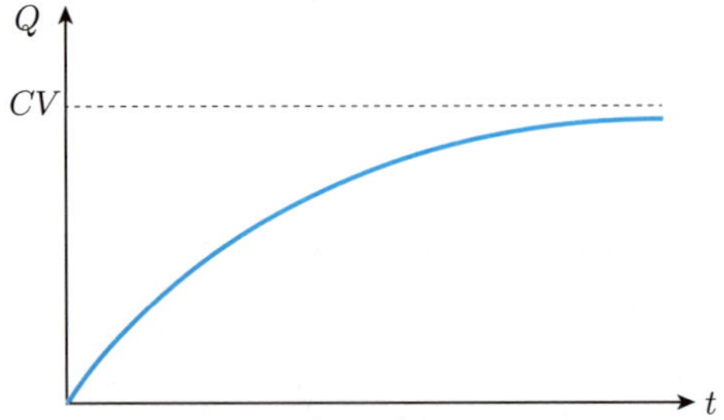

図 **3.6** コンデンサーの充電

一方，電荷量 Q_0 で充電されていたコンデンサーを抵抗 R を通じて放電する場合，充電の場合の微分方程式で $V = 0$ として，

$$\frac{\mathrm{d}Q}{\mathrm{d}t} = -\frac{1}{RC}Q$$

となり，$t = 0$ で $Q = Q_0$ だとすると，

$$Q(t) = Q_0 \exp\left(-\frac{t}{RC}\right)$$

が得られる．また，電流 $I(t)$ は，

$$I(t) = -\frac{Q_0}{RC}\exp\left(-\frac{t}{RC}\right)$$

となる．充電，放電ともに指数関数に現れた RC は時間の次元を持ち，**時定数**と呼ばれる．これらの時間変化を図 **3.6**，図 **3.7** に示す．

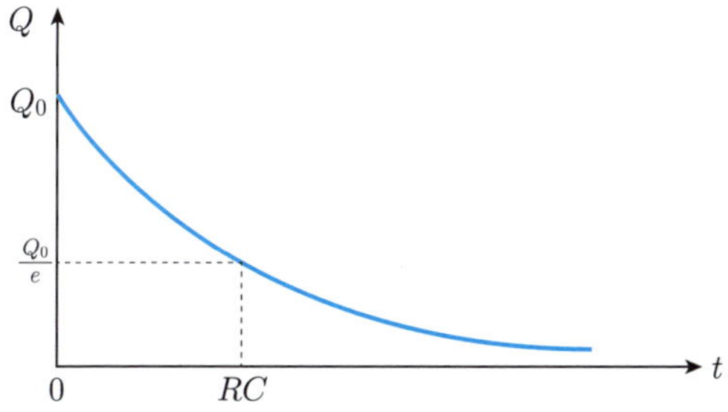

図 **3.7** コンデンサーの放電

例題 3.2 （**コンデンサーに蓄えられたエネルギー**） はじめ，コンデンサーには Q_0 の電荷が蓄えられていて，抵抗を通じて，これを放電していくとき，コンデンサーに蓄えられていたエネルギーと抵抗で消費されるエネルギーの関係を調べよ．

［ **解** ］ コンデンサーに蓄えられていたエネルギー U_C は式 (2.11) より，

$$U_\mathrm{C} = \frac{1}{2C}Q_0^2$$

である．一方，回路に電流 $I(t)$ が流れているとき，抵抗で発生するジュール

熱は，

$$P = RI(t)^2$$

だから，時刻 $t = 0$ から完全に放電する $t = \infty$ までの間に抵抗が消費するエネルギー U_{R} は，

$$\begin{aligned} U_{\mathrm{R}} &= \int_0^\infty RI(t)^2 \mathrm{d}t = \int_0^\infty R\frac{Q_0^2}{R^2C^2}\exp\left(-\frac{2t}{RC}\right)\mathrm{d}t \\ &= \frac{Q_0^2}{RC^2}\left[-\frac{RC}{2}\exp\left(-\frac{2t}{RC}\right)\right]_0^\infty \\ &= \frac{1}{2C}Q_0^2 \end{aligned}$$

となり，はじめにコンデンサーに蓄えられていたエネルギーと等しい． □

3.5 電流間に生じる力と磁場

磁鉄鉱（Fe_3O_4）が磁石として鉄をひきつける現象を示すことは，コハクがひきおこす静電気と同様にギリシア時代から知られていた．この磁石が地球の南北を示すことから，古くから羅針盤に使われてきた．磁石にはN極とS極があり，同じ極同士では斥力が働き，異なる極同士では引力が働く．また，その力の強さは距離に関係している．このように，磁石の間に働く力と電荷に間に働く力は似ているが，電場のように説明できるのであろうか．2つの電荷があると，その間にはクーロン力が働くが，場の考え方では，1つの電荷が電場を作り，その電場によって他方の電荷に力がおよぼされると考えた．磁石の間に働く磁力についても同様に考えてよいだろうか．結論からいえば，電荷に相当するものは磁石には存在しない．磁石ではN極とS極が必ず対になっており，単極の磁荷は存在しない．磁石には永久磁石のほかに，**コイル**に電流を流すことによって作られる電磁石がある．クーロン力の背後には電場があったが，磁力の背後には同様に**磁場**（**磁界**）があると考える．そして，この磁場のもとになっているのは磁荷ではなく電流である．電流によって磁場が作られ，その磁場から電流に対して力が働くのである．そのことを考える前に，電流の間に働く力について考えてみる．

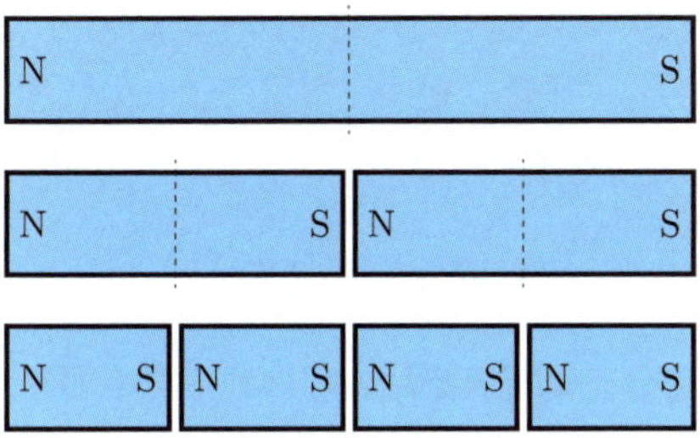

図 **3.8**　磁石の N 極と S 極

アンペール（A. Ampère）は 1820 年，電流が流れる電線の間に力が働くことを発見した．距離 r 離れた 2 つの平行な電線に I と I' が流れているとき，それぞれの電線には電流の方向と垂直に力が働き，その大きさ F は 2 つの電流の積に比例し電線の距離 r に反比例する．すなわち，単位長さあたりの力の大きさは，MKSA 単位系においては，

$$F = \frac{\mu_0}{2\pi}\frac{II'}{r} \tag{3.9}$$

となる．定数 μ_0 は**真空の透磁率**と呼ばれ，

$$\mu_0 = 4\pi \times 10^{-7}\,\mathrm{Nm/A^2}$$

と定義されている．

電流の間に働く力と電荷の間に働く力が決定的に異なっているのは，電流は向きと大きさを持ったベクトルで表されるのに対して，電荷は大きさしか持っ

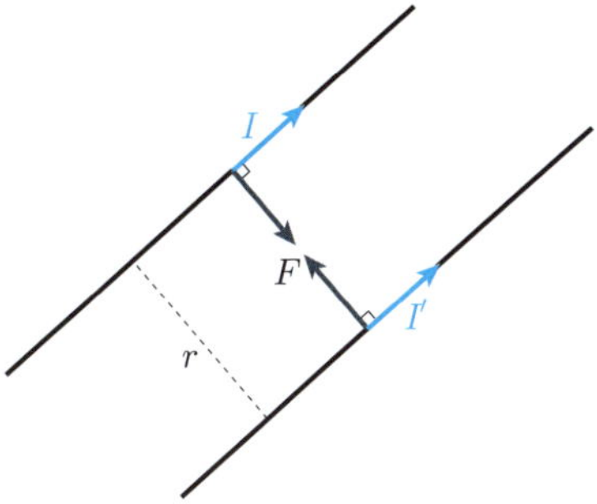

図 **3.9**　2 つの平行な電流の間に働く力

ていない．また，電荷の間に働く力は電荷同士を結ぶ方向に働くが，電流間の力は，電流の向きに対して垂直に働く．電荷によって位置 $\boldsymbol{r}$ に作られた電場 $\boldsymbol{E}$ から電荷 q が受ける働く力 $\boldsymbol{F}(\boldsymbol{r})$ は，

$$\boldsymbol{F}(\boldsymbol{r}) = q\boldsymbol{E}(\boldsymbol{r})$$

と表された．電流の場合には**電流素片**と呼ばれる微小部分 $\mathrm{d}\boldsymbol{l}$ に流れる電流 I が磁場から受ける力 $\mathrm{d}\boldsymbol{F}$ は，

$$\mathrm{d}\boldsymbol{F}(\boldsymbol{r}) = I\mathrm{d}\boldsymbol{l} \times \boldsymbol{B}(\boldsymbol{r}) \tag{3.10}$$

と書くことができる．ここで，ベクトル $\boldsymbol{B}(\boldsymbol{r})$ は**磁束密度**と呼ばれており，単位は**テスラ**（$\mathrm{T} = \mathrm{N/(Am)} = \mathrm{Vs/m^2}$）である．1 A の電流に対して 1 T の磁場が垂直にかかっているときに，長さ 1 m の電流あたりに働く力が 1 N である．

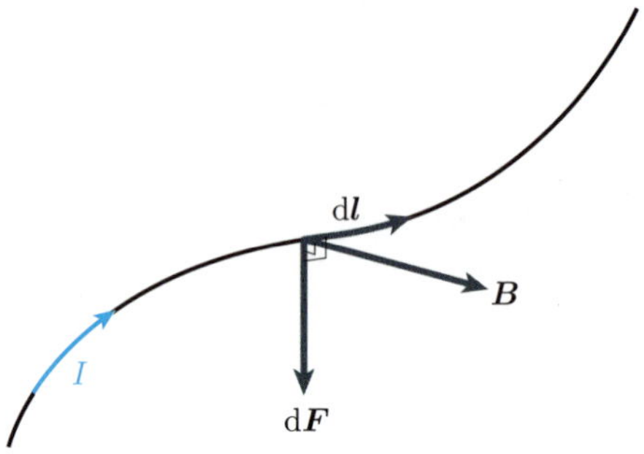

図 3.10 電流素片に働く力

例題 3.3 （**磁気モーメント**） 一様な磁場 $\boldsymbol{B}$ 中に一辺の長さがそれぞれ a，b の長方形 OPQR の矩形コイルがあるとする．ここで，磁場の方向は辺の長さが b の OP，QR に平行だとする．このコイルに OPQR の向きに電流 I が流れているとき，このコイルに働く力（偶力）を求めよ．

［**解**］ 辺 OP および QR に流れる電流は磁場と並行なので，力を受けない．一方，PQ および RO に流れる電流はどちらも，

$$F = IBa$$

で向きが逆の力を受ける．これは，コイルを回転させる**偶力**となる．この場合，PQ と RO の間の距離は b であるので，偶力の大きさ N は，$\boldsymbol{B}$ の大きさを B として，

$$N = Fb = IBab = IBS$$

である．ここで，S は矩形コイルの面積で $S = ab$ である．

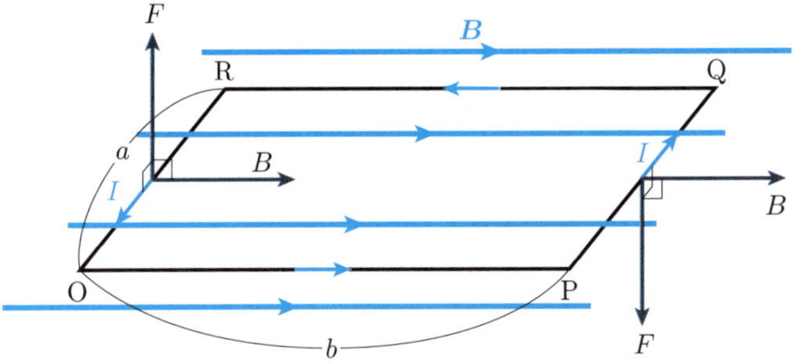

図 3.11　一様な磁場中におかれた矩形コイル

コイルの面が磁場の方向から傾いている場合，OP，QR に流れる電流にも磁場から力が働くが，大きさは等しく向きが逆で作用線も同一上にあるので打ち消し合う．一方，PQ，RO に流れる電流に働く力は，やはりコイルを回転させる偶力となる．コイルの面に垂直で電流が流れる向きに対して右ネジが進む向きに法線ベクトル $\boldsymbol{n}$ をとり，そのベクトルと磁場 $\boldsymbol{B}$ とのなす角を θ とすると，偶力の大きさは，

$$N = Fb\sin\theta = IBS\sin\theta$$

となる．また，ベクトルで書き表すと，

$$\boldsymbol{N} = IS\boldsymbol{n} \times \boldsymbol{B} = I\boldsymbol{S} \times \boldsymbol{B}$$

となる．ここで，$\boldsymbol{S} = S\boldsymbol{n}$ とした．さらに，このコイルの**磁気モーメント** $\boldsymbol{m}$ を

$$\boldsymbol{m} = I\boldsymbol{S}$$

と定義すれば，

$$\boldsymbol{N} = \boldsymbol{m} \times \boldsymbol{B}$$

と書き表すことができる．なお，磁気モーメントはコイルの形や向きに依存せず，面積だけで決まっている．　□

3.6 ローレンツ力

3.3節で述べたように，導線中を流れる電流は，電子の密度を n，平均的な速度 $\boldsymbol{v}$ とすると，

$$\boldsymbol{j} = -en\boldsymbol{v}$$

と書くことができる．導線の断面積を A とすると，$I = jA$ なので，$I\mathrm{d}\boldsymbol{l} = \boldsymbol{j}A\mathrm{d}l$ として，

$$\mathrm{d}\boldsymbol{F} = \boldsymbol{j}A\mathrm{d}l \times \boldsymbol{B} = -enA\mathrm{d}l\boldsymbol{v} \times \boldsymbol{B}$$

となる．$nA\mathrm{d}l$ は微小体積中の電子の数だから，電子1個あたりに働く力 $\boldsymbol{F}$ は，

$$\boldsymbol{F} = -e\boldsymbol{v} \times \boldsymbol{B}$$

となる．一般に電荷 q が磁場 $\boldsymbol{B}$ 中を速度 $\boldsymbol{v}$ で動いているときにその電荷が受ける力は，

$$\boldsymbol{F} = q\boldsymbol{v} \times \boldsymbol{B} \tag{3.11}$$

となる．これを**ローレンツ力**と呼ぶ．電場 $\boldsymbol{E}$ も同時にある場合には，

$$\boldsymbol{F} = q\boldsymbol{E} + q\boldsymbol{v} \times \boldsymbol{B} \tag{3.12}$$

の力が，運動している荷電粒子に働く．

ローレンツ力は磁場と速度の外積になっているため，運動の向きに対して常に垂直に働く．したがって，磁場は粒子に対しては仕事をせず，粒子の速さも運動エネルギーも変化しない．

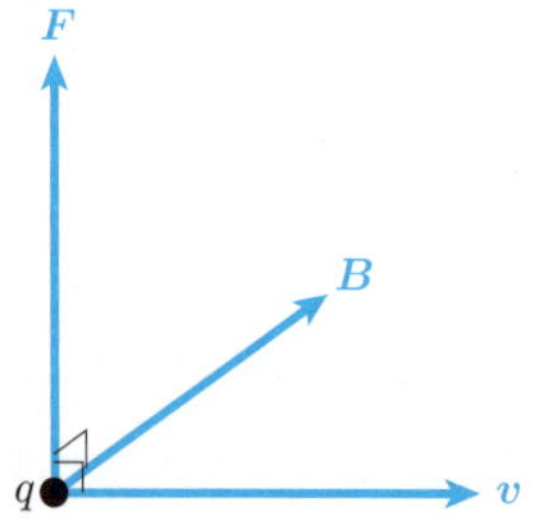

図 3.12 ローレンツ力

例題 3.4 **（サイクロトロン運動）** 一様な磁場 $\boldsymbol{B}$ 中で，質量 m，正電荷 q の粒子が磁場に垂直に速度 $\boldsymbol{v}$ で運動しているとする．このとき，この粒子の運動を調べよ．

［ **解** ］ この粒子には，大きさ

$$F = qvB$$

のローレンツ力が磁場および速度に垂直に働く．この力が向心力となって，この粒子は等速円運動を行う．これは**サイクロトロン運動**と呼ばれている．円運動の半径を R とすると，この粒子の運動方程式は，

$$\frac{mv^2}{R} = qvB$$

となる．したがって，円運動の半径 R は，

$$R = \frac{mv}{qB}$$

と求まる．また，円運動の周期 T は，

$$T = \frac{2\pi R}{v} = \frac{2\pi m}{qB}$$

となり，回転半径 R によらないことがわかる． □

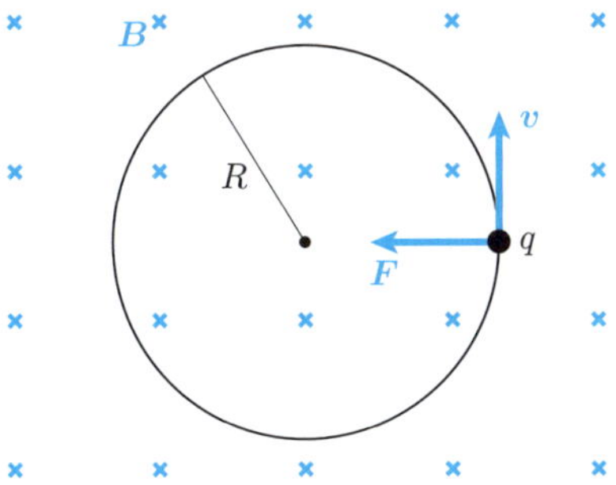

図 3.13 サイクロトロン運動

3.7 電流が作る磁場

電荷は電場から力を受け，電場は電荷によって作られる．同様に，電流は磁場から力を受け，磁場は電流によって作られる．電荷が作る電場は，クーロンの法則より，

$$\boldsymbol{E}(\boldsymbol{r}) = \frac{1}{4\pi\epsilon_0}\frac{q}{r^2}\frac{\boldsymbol{r}}{r}$$

であった．電流素片 $I\mathrm{d}\boldsymbol{l}$ が $\boldsymbol{r}$ の位置に作る磁場 $\mathrm{d}\boldsymbol{B}$ は，

$$\mathrm{d}\boldsymbol{B}(\boldsymbol{r}) = \frac{\mu_0}{4\pi}\frac{I\mathrm{d}\boldsymbol{l}}{r^2} \times \frac{\boldsymbol{r}}{r}$$

である．これを**ビオ-サバールの法則**という．この法則を用いれば，任意の電流に関して任意の場所での磁場を求めることができる．たとえば，電流 I が細い導線で作られた回路に流れているとき，その回路に沿った経路を C として，経路上 $\boldsymbol{r}'$ における電流素片を $I\mathrm{d}\boldsymbol{l}(\boldsymbol{r}')$ とすると，回路に流れる電流が位置 $\boldsymbol{r}$ に作る磁場は，

$$\boldsymbol{B}(\boldsymbol{r}) = \frac{\mu_0}{4\pi}\int_{\mathrm{C}}\frac{I\mathrm{d}\boldsymbol{l}(\boldsymbol{r}') \times (\boldsymbol{r}-\boldsymbol{r}')}{|\boldsymbol{r}-\boldsymbol{r}'|^3} = \frac{\mu_0}{4\pi}\int_{\mathrm{C}}\frac{I\boldsymbol{t}(\boldsymbol{r}') \times (\boldsymbol{r}-\boldsymbol{r}')}{|\boldsymbol{r}-\boldsymbol{r}'|^3}\mathrm{d}l$$

となる．ここで，$\boldsymbol{t}(\boldsymbol{r}')$ は，位置 $\boldsymbol{r}'$ における電流の接線方向の単位ベクトルであり，$\mathrm{d}\boldsymbol{l}(\boldsymbol{r}') = \boldsymbol{t}(\boldsymbol{r}')\mathrm{d}l$ である．また，電流が空間に広がりを持って電流密度 $\boldsymbol{j}$ で流れている場合には，

$$\boldsymbol{B}(\boldsymbol{r}) = \frac{\mu_0}{4\pi}\int_{\mathrm{C}}\frac{\boldsymbol{j}(\boldsymbol{r}') \times (\boldsymbol{r}-\boldsymbol{r}')}{|\boldsymbol{r}-\boldsymbol{r}'|^3}\mathrm{d}V'$$

となる．

例題 3.5 （**直線電流が作る磁場**） 図 **3.14** のように，無限に長い直線状の導線に電流 I が流れているとき，その電流から距離 r の位置に作る磁場を求めよ．

［**解**］ 導線に沿って z 軸をとり，$z=0$ の面上で z 軸から x 軸に沿って距離 r 離れた位置 P での磁場を考える．z 軸上 $(0,0,z)$ の電流素片 $I\mathrm{d}z$ が点 $\mathrm{P}(r,0,0)$ に作る磁場は，ビオ-サバールの法則より，

$$\boldsymbol{B} = \frac{\mu_0}{4\pi}\int_{-\infty}^{+\infty}\frac{I\mathrm{d}z}{R^3}\boldsymbol{e}_z \times \boldsymbol{R}$$

となる．ここで，$\boldsymbol{e}_z$ は z 向きの単位ベクトルであり，$\boldsymbol{R}$ は電流素片から点 P に向かうベクトル $\boldsymbol{R} = (r, 0, -z)$ である．$\boldsymbol{R}$ と z 軸のなす角を θ とすれば，

$$\tan\theta = \frac{r}{z}, \quad \sin\theta = \frac{r}{R}, \quad \boldsymbol{e}_z \times \boldsymbol{R} = (0, r, 0)$$

より，

$$-\frac{\mathrm{d}\theta}{\sin^2\theta} = \frac{1}{r}\mathrm{d}z$$

を用いて，積分変数を z から θ に変換すれば，磁束密度 $\boldsymbol{B}$ の大きさ B は，

$$B(r) = \frac{\mu_0}{4\pi}\int_0^{\pi}\frac{I}{r}\sin\theta\mathrm{d}\theta$$

となり，

$$B(r) = \frac{\mu_0}{2\pi}\frac{I}{r} \tag{3.13}$$

と求められる．ベクトルとしては電流のまわりを回転するような向きになる．電流の向きを右ネジがすすむ向きとすると，磁場は右ネジが回転する向きになる．□

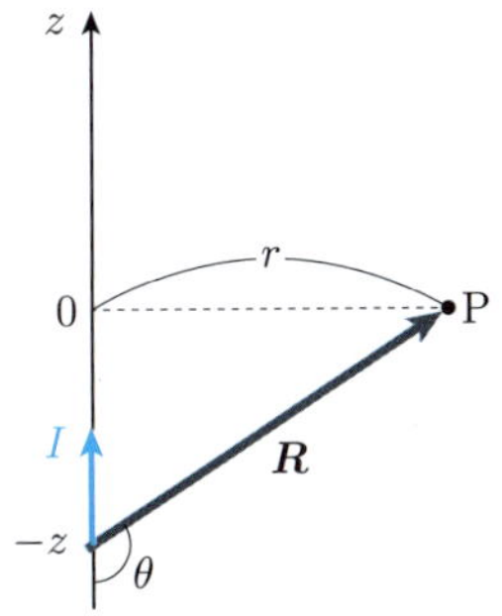

図 **3.14**　直線電流が作る磁場

この直線電流から距離 r 離れたところに平行な電流 I' が流れているとき，その電流に対してローレンツ力が働き，結果として 3.5 節で述べたように，電流間に単位長さあたり

$$F = \frac{\mu_0}{2\pi}\frac{II'}{r}$$

の大きさの力が働くことになる．

3.8 アンペールの法則

電場の場合，クーロンの法則から出発して，電場そのものが満たす法則，すなわちガウスの法則を導いた．磁場の場合にはビオ-サバールの法則を出発点にして，磁束密度 $\boldsymbol{B}$ が満たすべき法則を導こう．

まず，磁場の場合のガウスの法則を考えてみる．閉曲面を S として，$\boldsymbol{B}$ について，この面上で面積分を行うと，電場の場合の右辺の電荷に対応する磁荷は存在しないので，

$$\int_{\mathrm{S}} \boldsymbol{B}(\boldsymbol{r}) \cdot \boldsymbol{n}(\boldsymbol{r}) \mathrm{d}S = 0$$

となる．

一方，電場の場合の渦なしの法則は，磁場の場合にはどうなるであろうか．任意の閉じた経路 C についての線積分を考える．電流が経路 C をふちにとる面を貫いていないとき，電流のまわりを回転するような向きに発生した磁場を渦としてみた場合，経路 C の中に渦がない状態であるので，静電場における渦なしの法則と同様に，

$$\oint_{\mathrm{C}} \boldsymbol{B}(\boldsymbol{r}) \cdot \boldsymbol{t}(\boldsymbol{r}) \mathrm{d}l = 0$$

となる．経路 C の中に電流が通っている場合はどうなるであろうか．単純化のため，電流としては無限に長い直線電流を考える．閉じた経路 C として，電流を中心とする半径 r の円をとると，経路上で $\boldsymbol{B}$ は常に一定の大きさで経路 C に接した向きを向いているので，

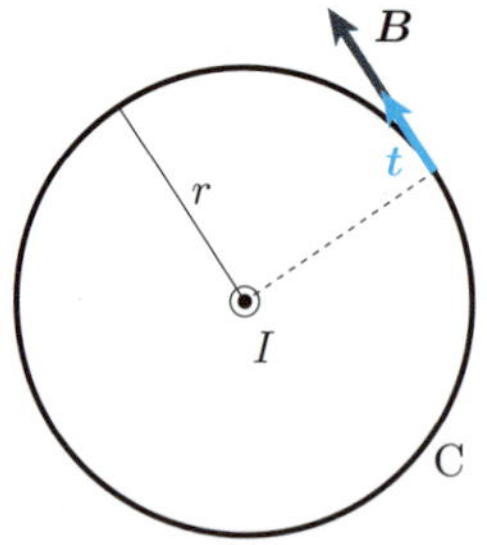

図 3.15 電流のまわりを円周に沿って積分

$$\begin{aligned}\boldsymbol{B}(\boldsymbol{r})\cdot\boldsymbol{t}(\boldsymbol{r}) &= B(r)\\ &= \frac{\mu_0}{2\pi}\frac{I}{r}\end{aligned}$$

となる．したがって，

$$\begin{aligned}\oint_{\mathrm{C:半径}\ r\ \mathrm{の円周}} \boldsymbol{B}(\boldsymbol{r})\cdot\boldsymbol{t}(\boldsymbol{r})\mathrm{d}l &= 2\pi r\times\frac{\mu_0}{2\pi}\frac{I}{r}\\ &= \mu_0 I\end{aligned}$$

となり，右辺は円の半径 r と無関係になり，電流の大きさ I だけで決まる量になる．一般に**図 3.16** のような円からずれた閉じた経路 C の場合でも，経路を電流を中心とする円 C_1 とそれ以外 C_2 との和と考えれば，電流が貫いていない部分からの寄与はゼロであるので，電流が貫いている部分のみ考えればよい．結果として，任意の閉じた経路 C について，C をふちにする面を電流 I が貫いている場合には，

$$\oint_{\mathrm{C}} \boldsymbol{B}(\boldsymbol{r})\cdot\boldsymbol{t}(\boldsymbol{r})\mathrm{d}l = \mu_0 I \tag{3.14}$$

となる．また，電流が複数ある場合には，C をふちにする面を貫く電流の向きを考慮し，正負を含んだ電流を I_i とすれば，

$$\oint_{\mathrm{C}} \boldsymbol{B}(\boldsymbol{r})\cdot\boldsymbol{t}(\boldsymbol{r})\mathrm{d}l = \mu_0\sum_i I_i$$

となる．また，電流が電流密度 $\boldsymbol{j}(\boldsymbol{r})$ で空間的に広がって流れているときには，閉じた経路 C をふちにする曲面を S として，

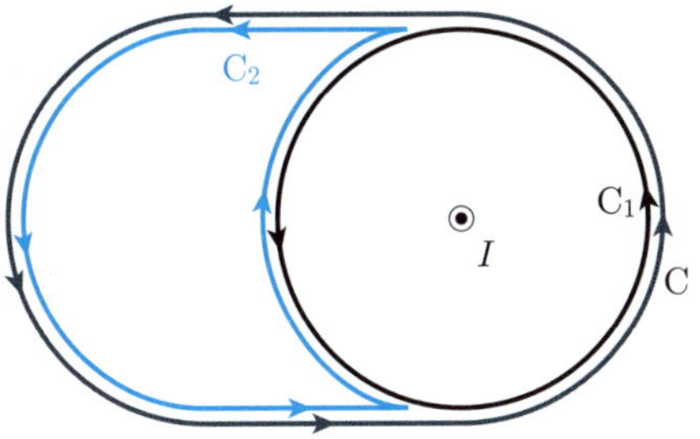

図 3.16　一般の経路の場合の周回積分

$$\oint_{\mathrm{C}} \boldsymbol{B}(\boldsymbol{r}) \cdot \boldsymbol{t}(\boldsymbol{r}) \mathrm{d}l = \mu_0 \int_{\mathrm{S}} \boldsymbol{j}(\boldsymbol{r}) \cdot \boldsymbol{n}(\boldsymbol{r}) \mathrm{d}S$$

となる．これらの関係を**アンペールの法則**という．

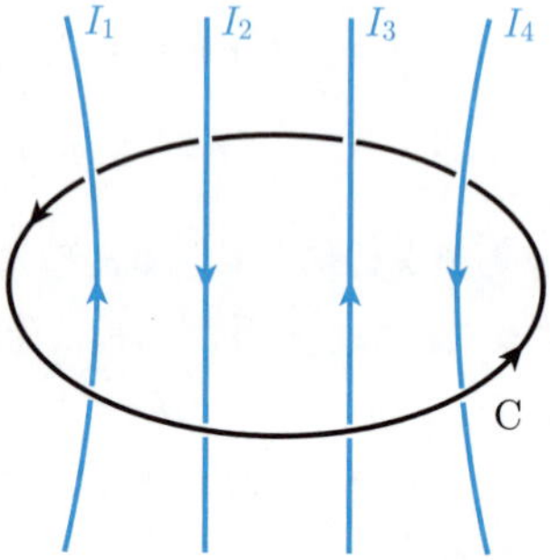

図 **3.17** アンペールの法則

3.9 磁場の強さのベクトル

1.5 節では，電束密度を導入してガウスの法則から誘電率を消去した．同様のことを磁場の場合に行おう．すなわち，

$$\boldsymbol{H} = \frac{1}{\mu_0} \boldsymbol{B} \tag{3.15}$$

なるベクトルを導入すると，アンペールの法則 (3.14) は，

$$\oint_{\mathrm{C}} \boldsymbol{H}(\boldsymbol{r}) \cdot \boldsymbol{t}(\boldsymbol{r}) \mathrm{d}l = I \tag{3.16}$$

となり，**透磁率**を消すことができる．このベクトルは歴史的な理由で**磁場の強さ**を表すベクトルと呼ばれており，単位は A/m である．電束密度と同様な議論を行うと，磁場の強さのベクトルの意味が明らかになる．すなわち，電流がその源となって $\boldsymbol{H}$ の場が作られる．一方，その場によって，別の電流には $\boldsymbol{B}$ を介して

$$\begin{aligned} \mathrm{d}\boldsymbol{F} &= \boldsymbol{I}'\mathrm{d}\boldsymbol{l} \times \boldsymbol{B} \\ &= \boldsymbol{I}'\mathrm{d}\boldsymbol{l} \times \mu_0 \boldsymbol{H} \end{aligned}$$

で表される力が働く．電場の場合と同様に考えると，透磁率は電流によって生じた磁場の強さという場を力学的な力に変換する際の変換係数と見ることができる．磁場を決めるアンペールの法則は，$\boldsymbol{H}$ の場合には透磁率が現れないので，いかなる物質中でも真空中と同じ $\boldsymbol{H}$ が得られるが，$\boldsymbol{B}$ の場合には透磁率が現れるので，物質中では真空中の場合とは異なり，その物質に依存した $\boldsymbol{B}$ となる．磁場の場合も真空中では，磁束密度と磁場の強さは単に比例するだけであるが，物質中では 6.2 節で述べるように磁場の強さの必要性や意味がはっきりする．

3.10 アンペールの法則の応用例

アンペールの法則を使っていくつかの場合に磁場を求めてみよう．

例題 3.6 （**ソレノイド**） 単位長さあたりの巻き数 n の十分に長いコイル（**ソレノイド**）に電流 I を流したときの内外の磁場を求めよ．

［**解**］ 図 **3.18** はコイルの中心軸を通る断面を表している．図のように軸方向に x 軸，動径方向に z 軸をとる．アンペールの法則を適用する経路として，図のような $\mathrm{C_1}$，$\mathrm{C_2}$，および $\mathrm{C_3}$ を考える．電流の配置から，磁場の向きは x 軸に平行になり，その大きさは z 座標で決まる．このとき，磁束密度の大きさを $B(z)$ とする．

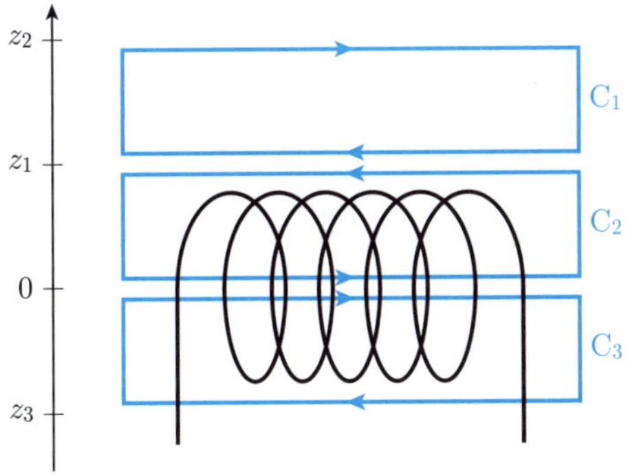

図 **3.18** ソレノイドが作る磁場

まず，コイルの外部で C_1 の経路を考える．z 軸に平行な経路の部分は磁場が経路に対して垂直なのでこれらの部分の寄与はゼロである．また，この経路を貫く電流はないので，x 軸に平行な経路の長さを l として，

$$\begin{aligned}\oint_{\mathrm{C}_1} \boldsymbol{B}(\boldsymbol{r}) \cdot \boldsymbol{t}(\boldsymbol{r}) \mathrm{d}l &= \{B(z_2) - B(z_1)\}\, l \\ &= 0\end{aligned}$$

となり，したがって，$B(z_1) = B(z_2)$ であり，外部での磁場は一定である．また，無限遠方で磁場がゼロになると考えると，結局コイルの外部ではどこでも磁場はゼロとなる．

次に，コイルを横切る C_2 の経路を考えると，経路 C_2 をコイルの導線が nl 本貫き，1 本あたり電流 I が流れているので，アンペールの法則は，

$$\begin{aligned}\oint_{\mathrm{C}_2} \boldsymbol{B}(\boldsymbol{r}) \cdot \boldsymbol{t}(\boldsymbol{r}) \mathrm{d}l &= \{B(0) - B(z_1)\}\, l \\ &= \mu_0 n l I\end{aligned}$$

となる．$B(z_1) = 0$ であるので，

$$B(0) = \mu_0 n I$$

が得られる．

最後に，コイルの内部，経路 C_3 について考えると，コイルの外部と同様にして，$B(z_3) = B(0)$ となることがわかる．したがって，$B(z_1) = B(0)$ である．すなわち，コイルの内部では磁場は一定値 $B = \mu_0 n I$ でコイルの軸に平行な向きである． □

例題 3.7 **（円柱状電流）** 半径 a の円柱型の導線の内部を電流 I が一様に流れているとき，導線内外の磁場 $B(r)$ を求めよ．

［解］ アンペールの法則を適用する経路 C として，導線の中心軸を中心とする半径 r の円を考える．アンペールの法則の左辺は，磁場は経路 C 上で接線方向を向き大きさが一定であるから，

$$\oint_{\mathrm{C}} \boldsymbol{B}(\boldsymbol{r}) \cdot \boldsymbol{t}(\boldsymbol{r}) \mathrm{d}l = 2\pi r B(r)$$

となる．導線内の電流密度 i は $i = \frac{I}{\pi a^2}$ であるので，アンペールの法則の左辺は，経路 C が導線内（$r < a$）のとき（C_1）には，

$$\mu_0 \int_S \boldsymbol{i}(\boldsymbol{r}) \cdot \boldsymbol{n}(\boldsymbol{r}) \mathrm{d}S = \mu_0 \pi r^2 i = \mu_0 I \frac{r^2}{a^2}$$

となる．また，経路 C が導線の外（$r > a$）のとき（C_2）には，

$$\mu_0 \int_S \boldsymbol{i}(\boldsymbol{r}) \cdot \boldsymbol{n}(\boldsymbol{r}) \mathrm{d}S = \mu_0 \pi a^2 i = \mu_0 I$$

となる．したがって，

$$B(r) = \begin{cases} \dfrac{\mu_0 I}{2\pi a^2} r & (r < a) \\ \dfrac{\mu_0 I}{2\pi r} & (r \leq a) \end{cases}$$

となる．□

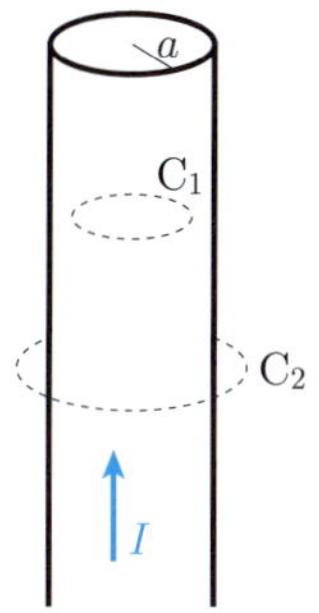

図 3.19　円柱状電流

第3章　演習問題

演習 3.1（電気抵抗）　長さが L で半径 a と b $(b > a)$ の同心円筒の電極間に抵抗率 ρ の物質が入っているとき，電極間の電気抵抗を求めよ．

演習 3.2（電気抵抗）　半径が a と b $(b > a)$ の同心球殻の薄い電極があり，その間に抵抗率 ρ の物質が入っているとき，球殻電極間の電気抵抗を求めよ．

演習 3.3（磁場中の荷電粒子のらせん運動）　z 軸に平行で大きさが一定 B_0 の磁場中を質量 m，電荷量 q の粒子が z 軸に対して角度 θ，速さ v で運動しているときの運動を論ぜよ．

演習 3.4（ループ電流が作る磁場）　xy 平面上で中心を原点に持つ半径 a の円上を電流 I が流れているとき，z 軸上での磁場の大きさを求めよ．

演習 3.5（有限の太さを持つ電線が作る磁場）　半径 a の太さを持つ無限に長い電線に電流 I が一様に流れているとき，電線の中心軸から距離 r での磁場を求めよ．

演習 3.6（同軸ケーブルに逆向きに流れる電流（アンペールの法則））　半径 a，b $(b > a)$ の同軸円筒導体面に同じ大きさで逆向きの電流 I が流れているとき，この電流が作る磁場を求めよ．

演習 3.7（平面電流が作る磁場）　xy 平面上を x 軸の正の向きに一定の強さで一様に流れる定常電流が作る磁場を求めよ．ただし，定常電流は y 軸に平行な単位長さあたり電流密度 i が流れているとせよ．

演習 3.8（円形コイルの磁気モーメント）　x 軸正の向きで磁束密度の大きさ B の一様な磁場中で xy 平面上で中心を原点に持つ半径 a の円上を電流 I が流れているとき，この電流に働くトルクを求め，この電流の磁気モーメントを求めよ．

第4章

電磁誘導と変位電流

時間的に変動する磁場とそれによって生じる起電力について学ぶ．また，時間的に変動する電場が変位電流となることを学ぶ．

4.1 磁束と電磁誘導

磁場中を運動する電荷はローレンツ力を受ける．また，運動する電荷はアンペールの法則にしたがって磁場を作る．このように，電気現象と磁気現象は互いに関係しているが，ファラデー（M. Faraday）は 1831 年に磁場が電流を発生させることを発見した．

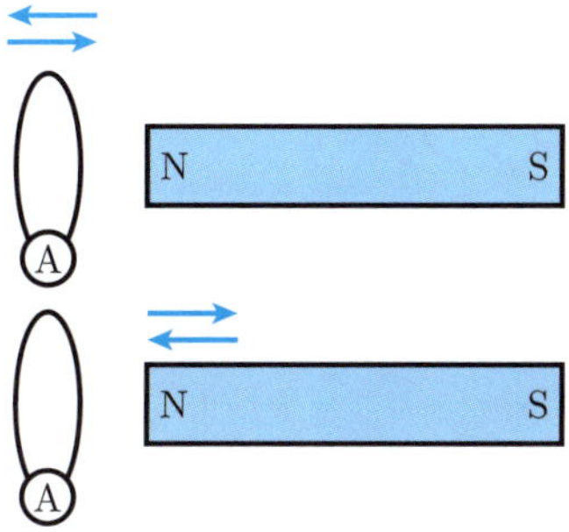

図 **4.1**　回路に発生する電流

図 4.1 のように回路に磁石を近づけたり遠ざけたりすると，回路には電流が流れる．また，磁石に回路を近づけたり遠ざけたりしても，同様に回路には電流が流れる．これらの現象を**電磁誘導**という．電流が流れるということは回路に起電力（電位差）が発生したといえる．このとき発生した起電力 V_e は，回路 C をふちにとる面 S を貫く**磁束** Φ の時間変化に比例し，その変化を妨げる向きに生じる．すなわち，

$$V_e = -\frac{d\Phi}{dt} \tag{4.1}$$

が成り立つ．これを，**ファラデーの電磁誘導の法則**という．ここで，磁束は，

$$\varPhi = \int_{\mathrm{S}} \boldsymbol{B}(\boldsymbol{r}) \cdot \boldsymbol{n}(\boldsymbol{r}) \mathrm{d}S \tag{4.2}$$

で定義される．回路に生じた起電力は回路上での電場 $\boldsymbol{E}(\boldsymbol{r})$ を使えば，

$$V_{\mathrm{e}} = \oint_{\mathrm{C}} \boldsymbol{E}(\boldsymbol{r}) \cdot \boldsymbol{t}(\boldsymbol{r}) \mathrm{d}l$$

と書くことができるので，ファラデーの電磁誘導の法則は，電場 $\boldsymbol{E}$ と磁場（磁束密度）$\boldsymbol{B}$ の関係として，

$$\oint_{\mathrm{C}} \boldsymbol{E}(\boldsymbol{r}) \cdot \boldsymbol{t}(\boldsymbol{r}) \mathrm{d}l = -\frac{\mathrm{d}}{\mathrm{d}t} \int_{\mathrm{S}} \boldsymbol{B}(\boldsymbol{r}) \cdot \boldsymbol{n}(\boldsymbol{r}) \mathrm{d}S \tag{4.3}$$

と書き表すことができる．この式の左辺は静電場の場合の渦なしの法則と同じであり，その場合，右辺はゼロであった．時間変動する磁場が存在する場合には，渦なしの法則は成り立たず，その代わりに，ファラデーの電磁誘導の法則となる．発電機はこの原理にしたがって発電している．

4.2 自己インダクタンス

電流によって発生する磁場は電流に比例する．したがって，その電流によって発生した磁場によって作られる磁束も電流に比例する．ある閉じた回路に電流 I を流したときにその電流によって発生した磁場が自分自身の回路を貫く磁束 $\varPhi$ は，

$$\varPhi = LI$$

と書くことができる．ここで，比例定数 L は**自己インダクタンス**（**自己誘導係数**）と呼ばれ，単位は**ヘンリー**（H）である．電流が準定常電流と見なせるとき，各瞬間に流れている電流 $I(t)$ によって生じる磁場は静磁場と同じと考えてよい．この場合，この電流によって回路に作られる磁束は

$$\varPhi(t) = LI(t)$$

となる．この電流が時間変化すると磁束が時間変化し，ファラデーの電磁誘導の法則 (4.1) によって，回路には起電力が発生する．すなわち，

$$\begin{aligned} V_{\mathrm{e}} &= -\frac{\mathrm{d}\Phi(t)}{\mathrm{d}t} \\ &= -L\frac{\mathrm{d}I(t)}{\mathrm{d}t} \end{aligned}$$

となる．符号がマイナスであるため，誘導起電力は電流の変化を妨げる向きに発生する．

例題 4.1 **（ソレノイドの自己インダクタンス） 図 4.2 のような，単位長さあたりの巻き数 n，断面積 S，長さ l のコイル（ソレノイド）の自己インダクタンスを求めよ．**

［ **解** ］ このコイルに電流 I を流したときに，コイル内に発生する磁場は

$$B = \mu_0 n I$$

である．この磁場が面積 S，総巻き数 nl のコイルの断面を貫くから，磁束 Φ は

$$\begin{aligned} \Phi &= BSnl \\ &= \mu_0 n^2 S l I \end{aligned}$$

となる．したがって，自己インダクタンス L は

$$L = \mu_0 n^2 S l$$

となる． □

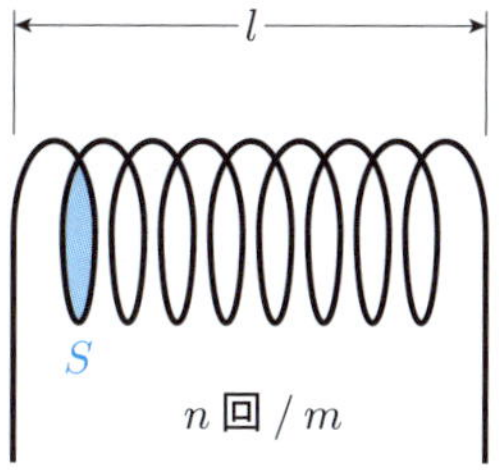

図 **4.2** ソレノイドの自己インダクタンス

例題 4.2　(**LR 回路**)　自己インダクタンス L のコイルに，抵抗 R と起電力 V の電池を接続した**図 4.3** のような回路を考える．$t=0$ にスイッチを入れた後の回路に流れる電流 $I(t)$ を求めよ．

[**解**]　コイルに発生する誘導起電力を V_{L} とすると，キルヒホッフの第 2 法則より，

$$V_{\mathrm{L}} - RI + V = 0$$

であり，

$$V_{\mathrm{L}} = -L\frac{\mathrm{d}I(t)}{\mathrm{d}t}$$

なので，電流 I に関する微分方程式

$$\frac{\mathrm{d}I}{\mathrm{d}t} = -\frac{R}{L}I + \frac{V}{L}$$

が得られる．これを，$t=0$ で $I=0$ の条件の下に解けば，

$$I(t) = \frac{V}{R}\left\{1 - \exp\left(-\frac{R}{L}t\right)\right\}$$

が得られる．時間が十分経ち，電流が時間変化しなくなったときには，コイルには誘導起電力は発生しないので，回路に流れる電流は抵抗 R に起電力 V の電池を接続したときに流れる電流 $I=\frac{V}{R}$ と等しくなる．□

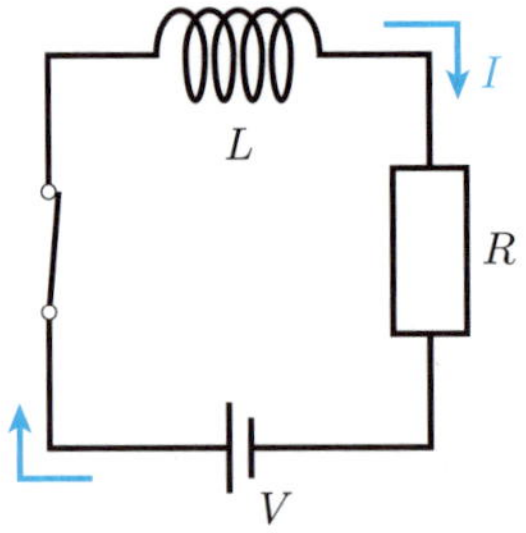

図 **4.3**　LR 回路

4.3 相互インダクタンス

図 **4.4** のように 2 つの回路 1，2 があり，回路 1 に電流 I_1 を流すと磁場が発生して，その磁場が回路 2 を貫き磁束 Φ_2 を作る．このとき，電流 I_1 が作る磁場はこの電流に比例し，したがって，回路 2 を貫く磁束 Φ_2 も I_1 に比例する．そこで，比例係数を M とすると，

$$\Phi_2 = MI_1$$

となる．この比例係数を，**相互インダクタンス**（**相互誘導係数**）と呼ぶ．単位は自己インダクタンスと同様にヘンリー（H）である．I_1 が時間変化するときは，電磁誘導の法則にしたがって，回路 2 に誘導起電力 V_{e2} が発生し，

$$V_{e2} = -\frac{d\Phi_2}{dt} = -M\frac{dI_1}{dt}$$

となる．逆に，回路 2 に電流 I_2 を流して，発生した磁場によって回路 1 を貫く磁束 Φ_1 を作るとき，I_2 が時間変化すれば，同様に回路 1 に誘導起電力 V_{e1} が発生するが，このとき，

$$V_{e1} = -M\frac{dI_2}{dt}$$

と書くことができ，相互インダクタンス M は同じ値となることが知られている．

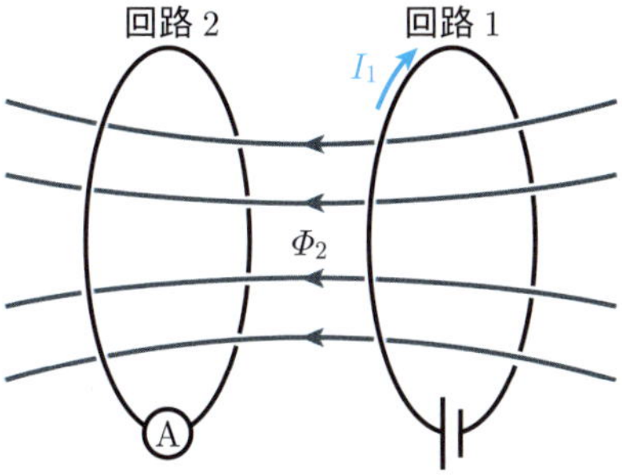

図 **4.4** 相互インダクタンス

例題 4.3 （**変圧器**） 図 **4.5** のように，単位長さあたりの巻き数 n_1，長さ l，面積 S のコイル 1 の外側に，単位長さあたりの巻き数 n_2，長さ l のコイル 2 があるとする．コイル 1 に電圧 V_1 の交流を接続したとき，コイル 2 に発生する電圧を調べよ．

[**解**] コイル 1 に電流 I_1 が流れているとすると，コイル 1 の内部には 3.10 節で求めたように，

$$B_1 = \mu_0 n_1 I_1$$

の磁場が発生する．このとき，外側のコイル 2 には，

$$\Phi_2 = B_1 S n_2 l$$

の磁束が発生する．すなわち，

$$\Phi_2 = \mu_0 n_1 n_2 S l I_1 = M I_1$$

となり，この回路の相互インダクタンスは $M = \mu_0 n_1 n_2 S l$ と求められる．電流 I_1 が時間変動するので，コイル 1 の誘導起電力の大きさ V_1 は，

$$V_1 = L\frac{\mathrm{d}I_1}{\mathrm{d}t} = \mu_0 n_1^2 S l \frac{\mathrm{d}I_1}{\mathrm{d}t}$$

となり，これが外部から印加している交流電圧と等しい．一方，コイル 2 に発生する誘導起電力の大きさ V_2 は，

$$V_2 = M\frac{\mathrm{d}I_1}{\mathrm{d}t} = \mu_0 n_1 n_2 S l \frac{\mathrm{d}I_1}{\mathrm{d}t}$$

となる．したがって，

$$\frac{V_2}{V_1} = \frac{n_2}{n_1}$$

となり，コイル 2 に発生する電圧は，コイル 1 に印加している電圧の $\frac{n_2}{n_1}$ 倍となる．これが，交流電圧を変換する**変圧器**の原理である． □

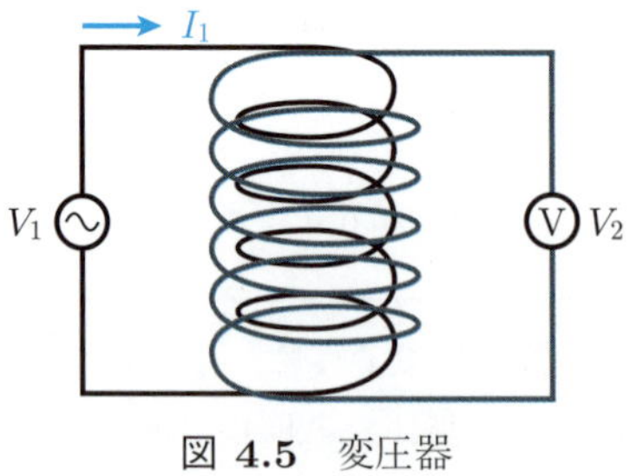

図 **4.5** 変圧器

4.4 磁場のエネルギー

電気容量 C のコンデンサーに蓄えられているエネルギーは，電荷量を Q とするとき，

$$U = \frac{Q^2}{2C}$$

であり，これは，電場のエネルギー密度

$$u_{\mathrm{e}} = \frac{1}{2}\epsilon_0 E^2$$

が電極間に存在していると考えることができた．ここでは，コイルに電流が流れているときにコイルが持っているエネルギーを考えることによって，磁場のエネルギーを考える．$t = 0$ で電流が流れていなかった自己インダクタンス L のコイルに徐々に電流を流していき，$t = T$ で $I(T) = I$ になったとする．時刻 t においてこのコイルに発生する誘導起電力は

$$-L\frac{\mathrm{d}I(t)}{\mathrm{d}t}$$

であり，電流を流すためにはこの起電力にさからう電圧をかける必要がある．$\varDelta t$ の間に流れる電荷量は $I(t)\varDelta t$ であるから，このときにする仕事 $\varDelta U$ は

$$\varDelta U = I(t)\varDelta t L\frac{\mathrm{d}I(t)}{\mathrm{d}t}$$

である．したがって，$t = 0$ から $t = T$ までの間になされる仕事は

$$U = \int_0^T \mathrm{d}U = L\int_0^T I(t)\frac{\mathrm{d}I(t)}{\mathrm{d}t}\mathrm{d}t$$

となる．ここで，

$$I(t)\frac{\mathrm{d}I(t)}{\mathrm{d}t} = \frac{1}{2}\frac{\mathrm{d}}{\mathrm{d}t}\left\{I(t)^2\right\}$$

と書くことができるので，

$$U = \frac{L}{2}\int_0^T \frac{\mathrm{d}}{\mathrm{d}t}\left\{I(t)^2\right\}\mathrm{d}t = \frac{L}{2}\left[I(t)^2\right]_0^T = \frac{L}{2}I^2 \tag{4.4}$$

となる．これが自己インダクタンス L のコイルに電流 I が流れているときのエネルギーである．単位長さあたりの巻き数 n，断面積 S，長さ l のコイルに電流を流したとき，コイルの内部に発生する磁場は 3.10 節より，

$$B = \mu_0 n I$$

となる．また，このコイルの自己インダクタンス L は

$$L = \mu_0 n^2 S l$$

である．したがって，

$$U = \frac{1}{2}\mu_0 n^2 S l I^2 = \frac{1}{2\mu_0} B^2 \cdot (Sl)$$

となる．磁場はコイルの内部にしか存在しないとすれば，その体積は Sl であるから，単位体積あたりの**磁場のエネルギー**，すなわちエネルギー密度 u_{m} は，

$$u_{\mathrm{m}} = \frac{1}{2\mu_0} B^2 \tag{4.5}$$

となる．また，磁場の強さ H を用いれば，

$$u_{\mathrm{m}} = \frac{1}{2} B H$$

と書くこともできる．

4.5 LC振動回路

コイルに定常電流が流れているとき，そのコイルの内部には磁場が発生するが，直流回路としては単に導線の役割しかしない．また，回路中にコンデンサーがある場合には，導線がそこで切れているので，定常電流を流すことはできない．しかし，時間的に電流の大きさが変化するときには，事情は異なる．時間的に変化する電流がコイルに流れるとき，コイルには自己誘導起電力が発生する．また，交流であれば，コンデンサーは充電と放電を繰り返し，電流は流れることができる．

例として，電気容量 C のコンデンサーと自己インダクタンス L のコイルを直列に繋いだ簡単な回路を考えてみる．まず，スイッチを開いてコンデンサーに電荷 $\pm Q_0$ を与える．スイッチを閉じた後の，電荷 $Q(t)$ および回路に流れる電流 $I(t)$ を考えよう．図 **4.6** のように電流の向きとコンデンサーに蓄えられる電

荷の符号を考え，電流の向きに電位差を考えると，コンデンサーの両端の電位差 $V_{\mathrm{C}}(t)$ は，

$$V_{\mathrm{C}}(t) = -\frac{Q(t)}{C}$$

であり，コイルの両端に発生する自己誘導起電力 $V_{\mathrm{L}}(t)$ は，

$$V_{\mathrm{L}}(t) = -L\frac{\mathrm{d}I(t)}{\mathrm{d}t}$$

であるので，キルヒホッフの第 2 法則より，

$$V_{\mathrm{C}}(t) + V_{\mathrm{L}}(t) = 0$$

すなわち，

$$-\frac{Q(t)}{C} - L\frac{\mathrm{d}I(t)}{\mathrm{d}t} = 0 \tag{4.6}$$

が成り立つ．図のように電流が流れるとコンデンサーの電荷は増加するから，

$$I(t) = \frac{\mathrm{d}Q(t)}{\mathrm{d}t}$$

となるので，式 (4.6) は，

$$L\frac{\mathrm{d}^2Q(t)}{\mathrm{d}t^2} + \frac{Q(t)}{C} = 0 \tag{4.7}$$

となる．この微分方程式を解けば，$Q(t)$ が求まり，さらに $I(t)$ も求まる．

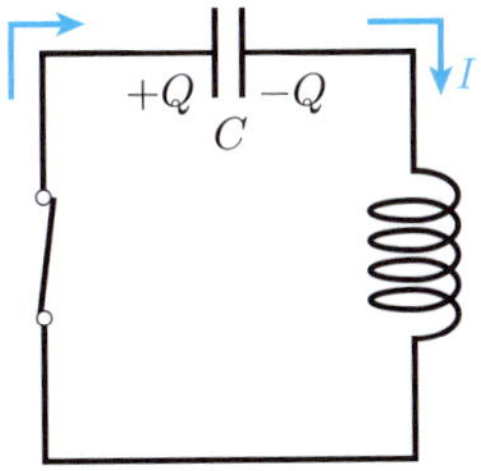

図 4.6 LC 振動回路

この微分方程式は，バネにつけたおもりの運動を記述する運動方程式と同じ形をしている．**図 4.7** のようにバネ定数 k に質量 m のおもりをつけ，バネが自然長のときのおもりの位置を原点として，そこから測ったおもりの位置を x，その瞬間のおもりの速度と運動量をそれぞれ v および p とすると，おもりの運

動方程式は,

$$\frac{\mathrm{d}p}{\mathrm{d}t} = -kx$$

であり,

$$p = mv = m\frac{\mathrm{d}x}{\mathrm{d}t}$$

だから，運動方程式は,

$$m\frac{\mathrm{d}^2x}{\mathrm{d}t^2} = -kx$$

すなわち,

$$m\frac{\mathrm{d}^2x}{\mathrm{d}t} + kx = 0$$

となる．$t = 0$ のとき，$x = x_0$ からおもりから静かに手を離したとすると，時刻 t でのおもりの位置 $x(t)$ は,

$$x(t) = x_0 \cos(\omega_0 t)$$

となり，原点を中心とした単振動をする．ただし，ここで ω_0 は,

$$\omega_0 = \sqrt{\frac{k}{m}}$$

である．また，おもりの速度 $v(t)$ は,

$$v(t) = \frac{\mathrm{d}x(t)}{\mathrm{d}t} = -x_0\omega_0 \sin(\omega_0 t)$$

となる．

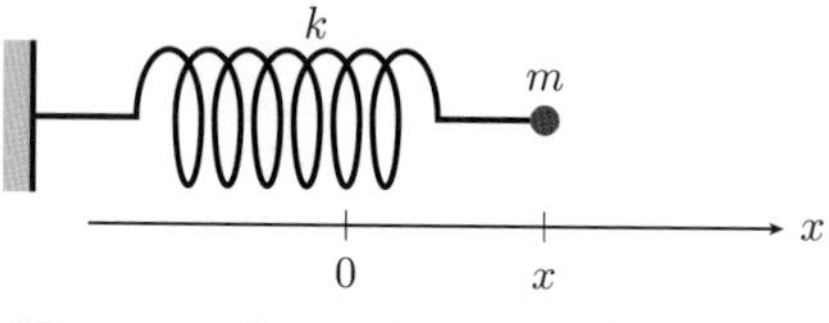

図 4.7　バネにつけられたおもりの運動

同様に LC 回路の微分方程式を $t = 0$ で $Q = Q_0$ として解くと,

$$Q(t) = Q_0 \cos(\omega_0 t)$$

となり振動する．ここで ω_0 は,

$$\omega_0 = \frac{1}{\sqrt{LC}}$$

である．また，回路に流れる電流は，

$$I(t) = -Q_0\omega_0 \sin(\omega_0 t)$$

となる．

4.6 交流回路と複素インピーダンス

次に，先の LC 回路に，抵抗 R と角振動数 ω の交流起電力 $V(t)$ をつけ加えた回路を考える．抵抗による電圧降下 $V_{\mathrm{R}}(t)$ は，

$$V_{\mathrm{R}}(t) = -RI(t)$$

だから，キルヒホッフの第 2 法則より，

$$V(t) + V_{\mathrm{C}}(t) + V_{\mathrm{L}}(t) + V_{\mathrm{R}}(t) = 0$$

すなわち，

$$V(t) - \frac{Q(t)}{C} - L\frac{\mathrm{d}I(t)}{\mathrm{d}t} - RI(t) = 0$$

あるいは，

$$L\frac{\mathrm{d}I(t)}{\mathrm{d}t} + RI(t) + \frac{Q(t)}{C} = V(t) \tag{4.8}$$

$$\frac{\mathrm{d}Q}{\mathrm{d}t} = I \tag{4.9}$$

である．この微分方程式はバネにつけたおもりに，速度に比例する抵抗と外力が加わった場合の**強制振動**を記述する運動方程式と同じ形をしている．バネ定数を k，おもりの質量を m，自然長からのバネの伸びを x，おもりの速度を v，抵抗力を $-\rho v$，外力を f とすると，運動方程式は，

$$m\frac{\mathrm{d}v}{\mathrm{d}t} = -kx - \rho v + f$$

すなわち，

$$m\frac{\mathrm{d}v}{\mathrm{d}t} + \rho v + kx = f \tag{4.10}$$

$$\frac{\mathrm{d}x}{\mathrm{d}t} = v \tag{4.11}$$

である．ここで，$x \leftrightarrow Q$，$v \leftrightarrow I$，$m \leftrightarrow L$，$\rho \leftrightarrow R$，$k \leftrightarrow \frac{1}{C}$，$V \leftrightarrow f$ の関係で，振動子と LCR 回路の微分方程式は対応している．

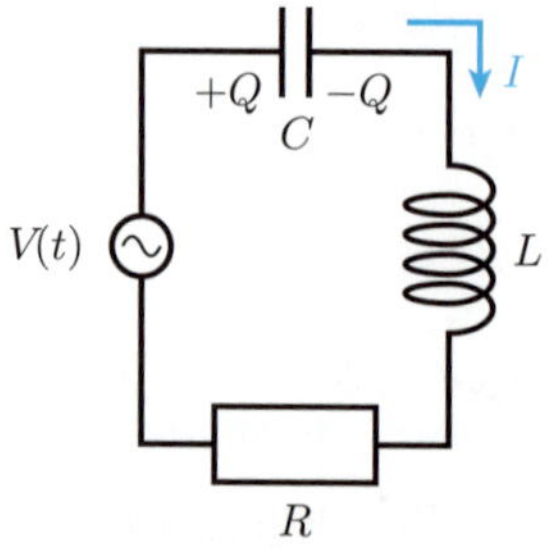

図 **4.8** LCR 回路

起電力 $V(t)$ を角振動数 ω の交流起電力,

$$V(t) = V_0 \cos(\omega t)$$

とおいて，式 (4.8) を解いてみる．回路に流れる電流とコンデンサーに蓄えられる電荷も同じ ω で振動すると考えられるので,

$$I(t) = I_0 \cos(\omega t + \alpha)$$

$$Q(t) = Q_0 \cos(\omega t + \beta)$$

とする．ここで，V_0，I_0，Q_0 は振幅である．また α，β は位相であり，交流起電力と電流および電荷の振動の時間的なずれを表す量である．これらを，微分方程式 (4.8) に代入して解けばよいが，式が複雑になるので，**複素化**の手法を用いる．θ が実数のとき，**オイラーの公式**,

$$\exp(\mathrm{i}\theta) = \cos\theta + \mathrm{i}\sin\theta$$

が成り立つ．そこで，交流起電力 V，電流 I，電荷 Q の代わりに,

$$\hat{V}(t) = V_0 \exp(\mathrm{i}\omega t) \tag{4.12}$$

$$\hat{I}(t) = I_0 \exp\{\mathrm{i}(\omega t + \alpha)\} = I_0 \exp(\mathrm{i}\alpha)\exp(\mathrm{i}\omega t) \tag{4.13}$$

$$\hat{Q}(t) = Q_0 \exp\{\mathrm{i}(\omega t + \beta)\} = Q_0 \exp(\mathrm{i}\beta)\exp(\mathrm{i}\omega t) \tag{4.14}$$

とおく．これらの実部が物理的な意味を持っている．また，式 (4.8) の微分方程式も複素化して

$$L\frac{\mathrm{d}\hat{I}(t)}{\mathrm{d}t} + R\hat{I}(t) + \frac{\hat{Q}(t)}{C} = \hat{V}(t)$$

$$\frac{\mathrm{d}\hat{Q}(t)}{\mathrm{d}t} = \hat{I}(t)$$

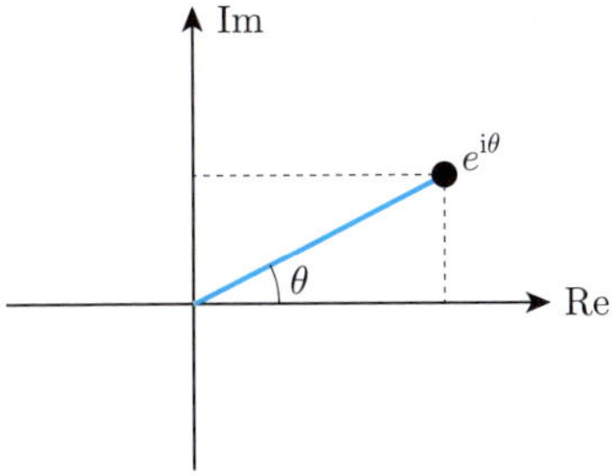

図 4.9　オイラーの公式の図形的表現

とする．この式に，式 (4.12) から (4.14) を代入すれば，$\exp(i\omega t)$ が共通に出てくるので，

$$
\begin{aligned}
&Li\omega I_0 \exp(i\alpha) + RI_0 \exp(i\alpha) + \frac{1}{C} Q_0 \exp(i\beta) = V_0 \\
&i\omega Q_0 \exp(i\beta) = I_0 \exp(i\alpha)
\end{aligned}
$$

が得られる．Q_0 を消去して，I_0 でまとめれば，

$$
\left(i\omega L + R + \frac{1}{i\omega C} \right) I_0 \exp(i\alpha) = V_0
$$

となる．$\hat{I} = I_0 \exp(i\alpha)$ とおけば，

$$
V_0 = \hat{Z}\hat{I} \tag{4.15}
$$

$$
\hat{Z} = R + i\left(\omega L - \frac{1}{\omega C} \right) \tag{4.16}
$$

となる．直流回路のオームの法則

$$
V = RI
$$

と比較すれば，$\hat{Z}$ は交流回路における電気抵抗に相当し，**インピーダンス**と呼ばれる．直流における電気抵抗とは異なり，インピーダンスは振動数に依存する．

$\hat{Z}$ は複素数であるから，複素数平面上で実数軸とのなす角を ϕ として，

$$
\hat{Z} = |\hat{Z}| \exp(i\phi)
$$

と書くことができる．ここで，

$$|\hat{Z}| = \sqrt{R^2 + \left(\omega L - \frac{1}{\omega C}\right)^2} \tag{4.17}$$

$$\tan\phi = \frac{\omega L - \frac{1}{\omega C}}{R} \tag{4.18}$$

となる．したがって，

$$\begin{aligned} \hat{I} &= I_0 \exp(\mathrm{i}\alpha) \\ &= \frac{V_0}{|\hat{Z}| \exp(\mathrm{i}\phi)} \\ &= \frac{V_0}{|\hat{Z}|} \exp(-\mathrm{i}\phi) \end{aligned}$$

の関係が得られる．振幅と位相を別々に書けば，

$$\begin{aligned} I_0 &= \frac{V_0}{\sqrt{R^2 + \left(\omega L - \frac{1}{\omega C}\right)^2}} \\ \alpha &= -\phi \end{aligned}$$

となる．時間依存性 $\exp(\mathrm{i}\omega t)$ をもとに戻し，実数部をとれば，

$$I(t) = \frac{V_0}{\sqrt{R^2 + \left(\omega L - \frac{1}{\omega C}\right)^2}} \cos(\omega t - \phi) \tag{4.19}$$

となる．この結果は，電流の時間変化 $I(t)$ は起電力 $V(t)$ に比例せず位相が ϕ だけずれること，また，振幅は ω に依存して変化し，ω が**共鳴振動数** ω_0 のとき，すなわち，

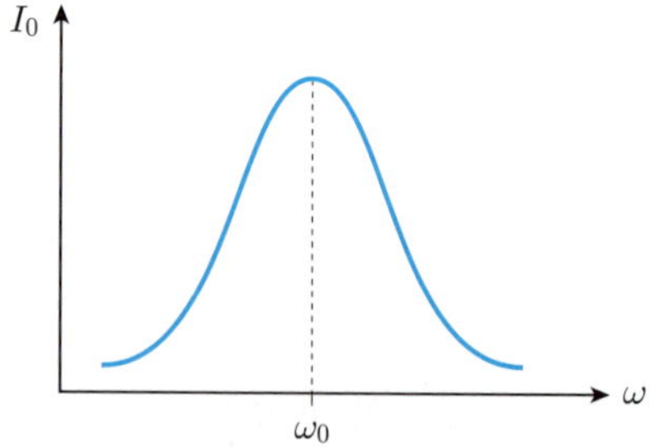

図 4.10 交流電流の振幅の振動数依存性

$$\omega = \omega_0 = \frac{1}{\sqrt{LC}}$$

のときに最大になることを示している．

一方，電荷は，

$$\begin{aligned} Q(t) &= \int I(t)\mathrm{d}t = \frac{V_0}{\omega\sqrt{R^2 + \left(\omega L - \frac{1}{\omega C}\right)^2}} \sin(\omega t - \phi) \\ &= \frac{V_0}{\omega\sqrt{R^2 + \left(\omega L - \frac{1}{\omega C}\right)^2}} \cos\left(\omega t - \phi - \frac{\pi}{2}\right) \end{aligned}$$

となり，電流に対して位相が $\frac{\pi}{2}$ ずれている．

4.7 変 位 電 流

4.1 節で見たように，変動する磁場は，式 (4.3)

$$\oint_{\mathrm{C}} \boldsymbol{E}(\boldsymbol{r}) \cdot \boldsymbol{t}(\boldsymbol{r})\mathrm{d}l = -\frac{\mathrm{d}}{\mathrm{d}t}\int_{\mathrm{S}} \boldsymbol{B}(\boldsymbol{r}) \cdot \boldsymbol{n}(\boldsymbol{r})\mathrm{d}S$$

のように，起電力，すなわち電場を発生させる．では，変動する電場はどうだろうか．電磁誘導の法則の左辺の電場を磁場に置き換えるとアンペールの法則

$$\oint_{\mathrm{C}} \boldsymbol{B}(\boldsymbol{r}) \cdot \boldsymbol{t}(\boldsymbol{r})\mathrm{d}l = \mu_0 \int_{\mathrm{S}} \boldsymbol{j}(\boldsymbol{r}) \cdot \boldsymbol{n}(\boldsymbol{r})\mathrm{d}S$$

となり，右辺には電流のみが現れている．この法則は常に正しいだろうか？ マクスウェルは以下のような思考実験から，この式の右辺に**変位電流**と呼ばれる項が必要であることを見出した．**図 4.11** に示すように，充電したコンデンサーに導線を繋いで電流を流した場合に導線のまわりに発生する磁場について，アンペールの法則を考えてみる．閉曲線 C は導線のまわりを囲んでいる．C をふちにとる曲面を導線が貫くようにとった場合（S_1），この面を電流が貫くから，アンペールの法則により，磁場が発生する．一方，C を瓶の口のようにして，導線が貫かずコンデンサーの極板の間を通るように考える（S_2）と，この面には電流が貫かず，したがって，アンペールの法則の右辺はゼロとなり，磁場が発生しないことになる．これは明らかに矛盾であり，アンペールの法則には不備があることを示している．S_2 には貫く電流はないが，コンデンサーの間には電

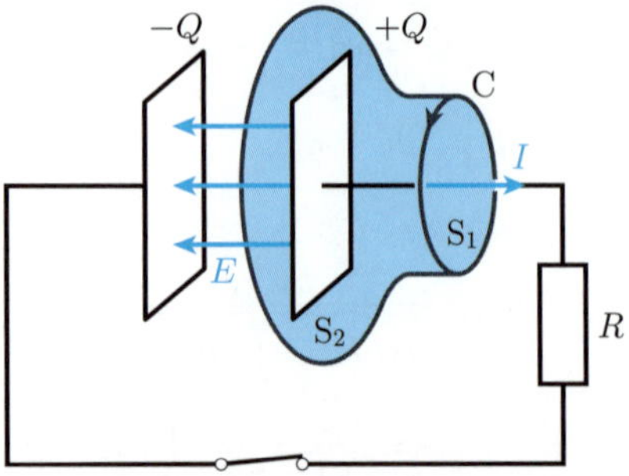

図 **4.11** 変位電流

場が生じており，それが電流によって時間変化している．コンデンサーに蓄えられている電荷を Q，このコンデンサーの面積を S とすると，式 (2.7) より，

$$E = \frac{Q}{\epsilon_0 S}$$

となる．また，導線に流れる電流 I と電荷の関係は，図の電場の向きを電流の正の向きとすると，

$$I = \frac{\mathrm{d}Q}{\mathrm{d}t}$$

なので，電場の時間変化は

$$\begin{aligned}\frac{\mathrm{d}E}{\mathrm{d}t} &= \frac{\mathrm{d}}{\mathrm{d}t}\frac{Q}{\epsilon_0 S} \\ &= \frac{1}{\epsilon_0 S}\frac{\mathrm{d}Q}{\mathrm{d}t} \\ &= \frac{1}{\epsilon_0 S} I\end{aligned}$$

となり，電流 I が $\epsilon_0 S \frac{\mathrm{d}E}{\mathrm{d}t}$ に等しいことがわかる．電場が存在するのは面積 S の極板間のみなので，電流密度 j と対応づければ，

$$j \leftrightarrow \frac{I}{S} = \epsilon_0 \frac{\mathrm{d}E}{\mathrm{d}t}$$

となっていると考えられる．したがって，アンペールの法則の右辺の電流密度に

$$\boldsymbol{j}_\mathrm{d} = \epsilon_0 \frac{\partial \boldsymbol{E}}{\partial t}$$

をつけ加えれば積分は面の選び方に依存しなくなる．すなわち，電場，磁場，電

流密度すべて時間にも依存するとして，

$$\oint_{\mathrm{C}} \boldsymbol{B}(\boldsymbol{r},t)\cdot\boldsymbol{t}(\boldsymbol{r})\mathrm{d}l = \mu_0 \int_{\mathrm{S}} \left\{ \boldsymbol{j}(\boldsymbol{r},t) + \epsilon_0 \frac{\partial \boldsymbol{E}(\boldsymbol{r},t)}{\partial t} \right\} \cdot \boldsymbol{n}(\boldsymbol{r})\mathrm{d}S \tag{4.20}$$

となる．つけ加えられた項は変位電流と呼ばれ，拡張されたアンペールの法則は，**マクスウェル-アンペールの法則**と呼ばれている．

4.8 電荷の保存則

マクスウェル-アンペールの法則と電場に関するガウスの法則から**電荷の保存則**を示そう．図 **4.12** のように同じ閉曲線 C をふちにする 2 つの面 S_1 と S_2 を考える．マクスウェル-アンペールの法則の左辺の C に関する積分を矢印の向きに行うとすると，右辺の面積分について S_1 を採用すれば外側の凸面，S_2 を採用する場合には内側の凹面の向きで積分を行うことになる．このとき閉曲線 C は共通だから，

$$\begin{aligned}\oint_{\mathrm{C}} \boldsymbol{B}(\boldsymbol{r},t)\cdot\boldsymbol{t}(\boldsymbol{r})\mathrm{d}l &= \mu_0 \int_{\mathrm{S}_1} \left\{ \boldsymbol{j}(\boldsymbol{r},t) + \epsilon_0 \frac{\partial \boldsymbol{E}(\boldsymbol{r},t)}{\partial t} \right\} \cdot \boldsymbol{n}(\boldsymbol{r})\mathrm{d}S \\ &= \mu_0 \int_{\mathrm{S}_2} \left\{ \boldsymbol{j}(\boldsymbol{r},t) + \epsilon_0 \frac{\partial \boldsymbol{E}(\boldsymbol{r},t)}{\partial t} \right\} \cdot \boldsymbol{n}(\boldsymbol{r})\mathrm{d}S\end{aligned}$$

である．S_1 に関する積分と S_2 に関する積分の差を作ると，

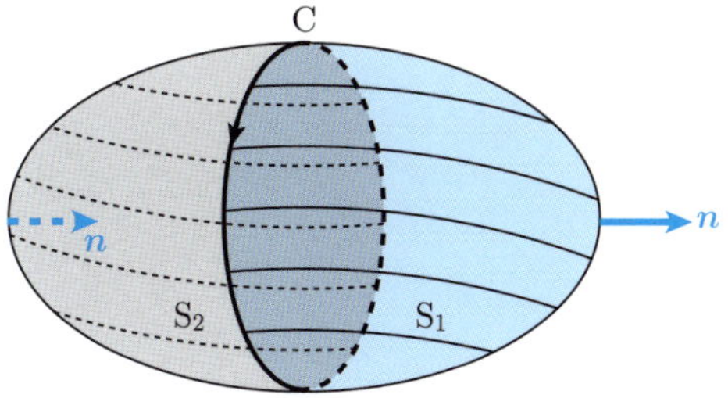

図 **4.12** 電荷の保存則

$$\mu_0 \int_{S_1} \left\{ \boldsymbol{j}(\boldsymbol{r}, t) + \epsilon_0 \frac{\partial \boldsymbol{E}(\boldsymbol{r}, t)}{\partial t} \right\} \cdot \boldsymbol{n}(\boldsymbol{r}) \mathrm{d}S$$
$$-\mu_0 \int_{S_2} \left\{ \boldsymbol{j}(\boldsymbol{r}, t) + \epsilon_0 \frac{\partial \boldsymbol{E}(\boldsymbol{r}, t)}{\partial t} \right\} \cdot \boldsymbol{n}(\boldsymbol{r}) \mathrm{d}S$$
$$= \mu_0 \int_{S_1 - S_2} \left\{ \boldsymbol{j}(\boldsymbol{r}, t) + \epsilon_0 \frac{\partial \boldsymbol{E}(\boldsymbol{r}, t)}{\partial t} \right\} \cdot \boldsymbol{n}(\boldsymbol{r}) \mathrm{d}S = 0 \qquad (4.21)$$

となる．一方，この 2 つの面を合わせた閉曲面 S で電場に関するガウスの法則を考えると，

$$\int_{S} \boldsymbol{E}(\boldsymbol{r}, t) \cdot \boldsymbol{n}(\boldsymbol{r}) \mathrm{d}S = \frac{1}{\epsilon_0} \int_{V} \rho(\boldsymbol{r}, t) \mathrm{d}V$$

である．このとき，面積分は閉曲面 S の外側の面の向きで行うから，$S = S_1 - S_2$ の関係があるといえる．ガウスの法則を時間で微分すれば，

$$\epsilon_0 \frac{\partial}{\partial t} \int_{S} \boldsymbol{E}(\boldsymbol{r}, t) \cdot \boldsymbol{n}(\boldsymbol{r}) \mathrm{d}S = \frac{\partial}{\partial t} \int_{V} \rho(\boldsymbol{r}, t) \mathrm{d}V$$

が得られる．これを式 (4.21) に代入すれば，

$$\int_{S} \boldsymbol{j}(\boldsymbol{r}, t) \cdot \boldsymbol{n}(\boldsymbol{r}) \mathrm{d}S = -\frac{\partial}{\partial t} \int_{V} \rho(\boldsymbol{r}, t) \mathrm{d}V \qquad (4.22)$$

が導かれる．すなわち，閉曲面 S から流れ出す電流は，閉曲面 S で囲まれた体積 V の中の電荷の減少分に等しい．これが，電荷の保存則である．

第 4 章　演習問題

演習 4.1（磁場中を回転する回路）　z 軸の正の向きに一様な磁場 $(0, 0, B_0)$ があるとき，xy 平面上に閉じた回路があり，その回路をふちにする面積を S とする．この回路が y 軸のまわりに角速度 ω で回転するとき，この回路に発生する起電力を求めよ．

演習 4.2（電線から離れる回路に生じる起電力）　y 軸上に定常電流 I が流れているとき，xy 面内に面積 S の小さな閉回路があり，x 軸に沿って一定の速さ v で電流から遠ざかっているとき，この回路に生じる起電力を求めよ．

演習 4.3（磁場中で面積が変わる回路）　z 軸の正の向きに一様な磁場 $(0, 0, B_0)$ があり，その中に xy 平面上にコの字型の電気抵抗の無視できる導線がある．間隔 l の平行な導線の上に電気抵抗 R の金属棒が接触して閉回路を作っている．金属棒が導線に接触しながら一定の速さ v で動いているとき，この回路に発生する起電力，金属棒に流れる電流，金属棒で発生する熱を求め，それを金属棒に働く力と金属棒が外部からなされる仕事と比較せよ．

演習 4.4（同軸ケーブルの自己インダクタンス）　半径が a，b（$b > a$）の円筒導体を同軸に配置し，片方の端には抵抗を，もう片方には電源を接続し，内側と外側の導体に逆向きの電流 I を流した．円筒の長さを l として自己インダクタンスを求めよ．

演習 4.5（コンデンサーの電極間の磁場）　2 枚の半径 R の円板電極が間隔 L で平行に配置されているコンデンサーがある．はじめ，このコンデンサーには，電荷が蓄えられていた．このコンデンサーに外部に抵抗を繋いで，放電をさせた．抵抗に電流 I が流れているとき，コンデンサーの電極間に発生する磁場を求めよ．

演習 4.6（LCR 回路の時間応答）　電気容量 C のコンデンサー，自己インダクタンス L のコイル，および電気抵抗 R の抵抗が直列に繋がっている．はじめコンデンサーに電荷 Q_0 が蓄えられていた．時刻 $t = 0$ にスイッチを繋いだ後の回路に流れる電流の時間変化を求めよ．

第5章

マクスウェルの方程式と電磁波

近接相互作用の考え方では，電場，磁場という「歪み」が空間を伝わっていく．これを記述するには，法則を積分形でなく，微分形で書いた方がよい．ここでは，電磁場の法則の微分形について学び，その解として電磁波を導く．

5.1 積分形のマクスウェルの方程式

我々は，電荷の間に働くクーロン力を表すクーロンの法則から出発し，電荷が作る電場や，電荷の移動からなる電流によって作られる磁場が満たすべき方程式を作ってきた．前章の変位電流の導入によって，時間変動する電磁場が満たすべき方程式がすべて揃った．すなわち，

電場に関するガウスの法則

$$\int_{\mathrm{S}} \boldsymbol{E}(\boldsymbol{r},t)\cdot\boldsymbol{n}(\boldsymbol{r})\mathrm{d}S = \frac{1}{\epsilon_0}\int_{\mathrm{V}} \rho(\boldsymbol{r},t)\mathrm{d}V \tag{5.1}$$

磁場に関するガウスの法則

$$\int_{\mathrm{C}} \boldsymbol{B}(\boldsymbol{r},t)\cdot\boldsymbol{n}(\boldsymbol{r})\mathrm{d}S = 0 \tag{5.2}$$

ファラデーの電磁誘導の法則

$$\oint_{\mathrm{C}} \boldsymbol{E}(\boldsymbol{r},t)\cdot\boldsymbol{t}(\boldsymbol{r})\mathrm{d}l = -\frac{\partial}{\partial t}\int_{\mathrm{S}} \boldsymbol{B}(\boldsymbol{r},t)\cdot\boldsymbol{n}(\boldsymbol{r})\mathrm{d}S \tag{5.3}$$

マクスウェル-アンペールの法則

$$\oint_{\mathrm{C}} \boldsymbol{B}(\boldsymbol{r},t)\cdot\boldsymbol{t}(\boldsymbol{r})\mathrm{d}l = \mu_0\int_{\mathrm{S}} \left\{\boldsymbol{j}(\boldsymbol{r},t) + \epsilon_0\frac{\partial \boldsymbol{E}(\boldsymbol{r},t)}{\partial t}\right\}\cdot\boldsymbol{n}(\boldsymbol{r})\mathrm{d}S \tag{5.4}$$

の 4 つの法則である．これらの 4 つの方程式を**マクスウェルの方程式**という．

これらは積分で書かれているので，特に，**積分形のマクスウェルの方程式**とも呼ばれる．また，これらは，電束密度 $\boldsymbol{D} = \epsilon_0 \boldsymbol{E}$ および磁場の強さ $\boldsymbol{H} = \frac{\boldsymbol{B}}{\mu_0}$ を用いると，

$$\int_{\mathrm{S}} \boldsymbol{D}(\boldsymbol{r}, t) \cdot \boldsymbol{n}(\boldsymbol{r}) \mathrm{d}S = \int_{\mathrm{V}} \rho(\boldsymbol{r}, t) \mathrm{d}V \tag{5.5}$$

$$\int_{\mathrm{C}} \boldsymbol{B}(\boldsymbol{r}, t) \cdot \boldsymbol{n}(\boldsymbol{r}) \mathrm{d}S = 0 \tag{5.6}$$

$$\oint_{\mathrm{C}} \boldsymbol{E}(\boldsymbol{r}, t) \cdot \boldsymbol{t}(\boldsymbol{r}) \mathrm{d}l = -\frac{\partial}{\partial t} \int_{\mathrm{S}} \boldsymbol{B}(\boldsymbol{r}, t) \cdot \boldsymbol{n}(\boldsymbol{r}) \mathrm{d}S \tag{5.7}$$

$$\oint_{\mathrm{C}} \boldsymbol{H}(\boldsymbol{r}, t) \cdot \boldsymbol{t}(\boldsymbol{r}) \mathrm{d}l = \int_{\mathrm{S}} \left\{ \boldsymbol{j}(\boldsymbol{r}, t) + \frac{\partial \boldsymbol{D}(\boldsymbol{r}, t)}{\partial t} \right\} \cdot \boldsymbol{n}(\boldsymbol{r}) \mathrm{d}S \tag{5.8}$$

となる．

ここで，改めて，マクスウェルの方程式の意味を確認しておこう．電場に関するガウスの法則は，電荷から電場が発生することを表している．電荷が点電荷であれば，そこから放射状に広がるように電場が生じる．これが，クーロンの法則のもとになっている．磁場に関するガウスの法則は，磁場のもとになる「磁荷」はないことを表している．これは，「単極の磁荷（**モノポール**）は発見されていない」という実験事実に基づいている．ファラデーの電磁誘導の法則は時間的に変動する磁場が電場を作ることを表し，マクスウェル-アンペールの法則は電流と電場の時間的な変動（変位電流）が磁場を作ることを表している．

5.2 微分形のマクスウェルの方程式

一般のベクトル場 $\boldsymbol{E}(\boldsymbol{r})$ に対して，閉曲面 S とそれで囲まれる領域 V について，

$$\int_{\mathrm{S}} \boldsymbol{E}(\boldsymbol{r}) \cdot \boldsymbol{n}(\boldsymbol{r}) \mathrm{d}S = \int_{\mathrm{V}} \nabla \cdot \boldsymbol{E}(\boldsymbol{r}) \mathrm{d}V \tag{5.9}$$

が成り立つ．これを**ガウスの定理**という．また，閉曲線 C とそれをふちにする面 S について，

$$\oint_{\mathrm{C}} \boldsymbol{E}(\boldsymbol{r}) \cdot \boldsymbol{t}(\boldsymbol{r}) \mathrm{d}l = \int_{\mathrm{S}} \{\nabla \times \boldsymbol{E}(\boldsymbol{r})\} \cdot \boldsymbol{n}(\boldsymbol{r}) \mathrm{d}S \tag{5.10}$$

が成り立つ．これは**ストークスの定理**と呼ばれている．これらの定理の簡単な証明を付録に記した．

これらの定理を用いると，積分形のマクスウェルの方程式を微分形にすることができる．

電場に関するガウスの法則の左辺にガウスの定理を適用すると，

$$\int_{\mathrm{S}} \boldsymbol{E}(\boldsymbol{r},t)\cdot\boldsymbol{n}(\boldsymbol{r})\mathrm{d}S = \int_{\mathrm{V}} \nabla\cdot\boldsymbol{E}(\boldsymbol{r},t)\mathrm{d}V$$

となる．これをガウスの法則の右辺と等しいとおくと，

$$\int_{\mathrm{V}} \nabla\cdot\boldsymbol{E}(\boldsymbol{r},t)\mathrm{d}V = \frac{1}{\epsilon_0}\int_{\mathrm{V}} \rho(\boldsymbol{r},t)\mathrm{d}V$$

となる．これが，任意のVで成り立つためには，任意の位置 $\boldsymbol{r}$ と任意の時間 t で被積分関数同士が等しい必要がある．すなわち，

$$\nabla\cdot\boldsymbol{E}(\boldsymbol{r},t) = \frac{1}{\epsilon_0}\rho(\boldsymbol{r},t) \tag{5.11}$$

である．これが，微分形の電場に関するガウスの法則である．同様に，微分形の磁場に関するガウスの法則，

$$\nabla\cdot\boldsymbol{B}(\boldsymbol{r},t) = 0 \tag{5.12}$$

が導かれる．

一方，ファラデーの電磁誘導の法則

$$\oint_{\mathrm{C}} \boldsymbol{E}(\boldsymbol{r},t)\cdot\boldsymbol{t}(\boldsymbol{r})\mathrm{d}l = -\frac{\partial}{\partial t}\int_{\mathrm{S}} \boldsymbol{B}(\boldsymbol{r},t)\cdot\boldsymbol{n}(\boldsymbol{r})\mathrm{d}S$$

の左辺にストークスの定理を適用すると，

$$\oint_{\mathrm{C}} \boldsymbol{E}(\boldsymbol{r},t)\cdot\boldsymbol{t}(\boldsymbol{r})\mathrm{d}l = \int_{\mathrm{S}} \{\nabla\times\boldsymbol{E}(\boldsymbol{r},t)\}\cdot\boldsymbol{n}(\boldsymbol{r})\mathrm{d}S$$

となる．これをファラデーの電磁誘導の法則の右辺と等しいとおけば，

$$\int_{\mathrm{S}} \{\nabla\times\boldsymbol{E}(\boldsymbol{r},t)\}\cdot\boldsymbol{n}(\boldsymbol{r})\mathrm{d}S = -\frac{\partial}{\partial t}\int_{\mathrm{S}} \boldsymbol{B}(\boldsymbol{r},t)\cdot\boldsymbol{n}(\boldsymbol{r})\mathrm{d}S$$

となる．したがって，

$$\nabla \times \boldsymbol{E}(\boldsymbol{r},t) = -\frac{\partial \boldsymbol{B}(\boldsymbol{r},t)}{\partial t} \tag{5.13}$$

が得られる．これが，微分形のファラデーの電磁誘導の法則である．同様に，微分形のマクスウェル-アンペールの法則は，

$$\nabla \times \boldsymbol{B}(\boldsymbol{r},t) = \mu_0 \boldsymbol{j}(\boldsymbol{r},t) + \mu_0 \epsilon_0 \frac{\partial \boldsymbol{E}(\boldsymbol{r},t)}{\partial t} \tag{5.14}$$

となる．また $\boldsymbol{D}$，$\boldsymbol{H}$ を用いると，

$$\nabla \cdot \boldsymbol{D}(\boldsymbol{r},t) = \rho(\boldsymbol{r},t) \tag{5.15}$$

$$\nabla \cdot \boldsymbol{B}(\boldsymbol{r},t) = 0 \tag{5.16}$$

$$\nabla \times \boldsymbol{E}(\boldsymbol{r},t) = -\frac{\partial \boldsymbol{B}(\boldsymbol{r},t)}{\partial t} \tag{5.17}$$

$$\nabla \times \boldsymbol{H}(\boldsymbol{r},t) = \boldsymbol{j}(\boldsymbol{r},t) + \frac{\partial \boldsymbol{D}(\boldsymbol{r},t)}{\partial t} \tag{5.18}$$

となる．

一般にマクスウェルの方程式という場合には，式 (5.11) から (5.14) を指すことが多い．このように，マクスウェルの方程式は電場および磁場に関して非常に対称性が高い．マクスウェル-アンペールの法則に電場の時間微分（変位電流）の項が必要なことは明らかであろう．一方，電場にはそのもととなる電荷が存在するが，磁場には磁荷がない．また，マクスウェル-アンペールの法則にある電流項に相当する項が電磁誘導の法則には存在しない．これらはすべて，「単極磁荷が観測されていない」という実験事実に基づいている．

5.3 ポアソン方程式

マクスウェルの 4 つの方程式で電磁気学的な現象はすべて記述されている．まず，時間変化しない場合のマクスウェル方程式を考えてみよう．このとき，

$$\nabla \cdot \boldsymbol{E}(\boldsymbol{r}) = \frac{1}{\epsilon_0}\rho(\boldsymbol{r}) \tag{5.19}$$

$$\nabla \cdot \boldsymbol{B}(\boldsymbol{r}) = 0 \tag{5.20}$$

$$\nabla \times \boldsymbol{E}(\boldsymbol{r}) = 0 \tag{5.21}$$

$$\nabla \times \boldsymbol{B}(\boldsymbol{r}) = \mu_0 \boldsymbol{j}(\boldsymbol{r}) \tag{5.22}$$

となる．式 (5.21) は渦なしの法則（式 (1.25)）の微分形である．電場と静電ポテンシャルの関係は式 (1.24)

$$\boldsymbol{E} = -\nabla\phi(\boldsymbol{r})$$

で与えられているが，これは，式 (5.21) と同値である．この関係式を，式 (5.19) に代入すれば，

$$\nabla^2\phi(\boldsymbol{r}) = -\frac{\rho(\boldsymbol{r})}{\epsilon_0} \tag{5.23}$$

が得られる．この式により，電荷密度が与えられると静電ポテンシャルを求めることができる．この方程式は**ポアソンの方程式**と呼ばれている．ここで，∇^2 は

$$\nabla^2\phi(\boldsymbol{r}) = \left(\frac{\partial^2}{\partial x^2} + \frac{\partial^2}{\partial y^2} + \frac{\partial^2}{\partial z^2}\right)\phi(\boldsymbol{r})$$

となる演算子で，**ラプラシアン**と呼ばれ，Δ と表されることもある．

ポアソン方程式において，右辺の電荷がない場合（$\rho(\boldsymbol{r}) = 0$）には，

$$\nabla^2\phi(\boldsymbol{r}) = 0 \tag{5.24}$$

となり，**ラプラスの方程式**と呼ばれている．

ϕ が r にのみ依存する場合には，

$$\nabla^2\phi(r) = \frac{1}{r}\frac{\mathrm{d}^2}{\mathrm{d}r^2}\{r\phi(r)\}$$

となり，計算を簡単に行うことができる．

例題 5.1　**（一様な球形電荷密度が作る電位）**　半径 R の内側が一様な電荷密度 ρ_0 である球が作る静電ポテンシャルを求めよ．

［**解**］　電荷密度は，

$$\rho(r) = \begin{cases} \rho_0 & (r < R) \\ 0 & (r \geq R) \end{cases}$$

とおけるから，$r < R$ のときは，

$$\nabla^2\phi(r) = \frac{1}{r}\frac{\mathrm{d}^2}{\mathrm{d}r^2}\{r\phi(r)\} = -\frac{\rho_0}{\epsilon_0}$$

となる．この式に r をかけて 2 回積分すれば

$$r\phi(r) = -\frac{\rho_0}{6\epsilon_0}r^3 + c_1 r + c_2$$

となる．ここで，c_1 と c_2 は境界条件で決まる積分定数である．さらに，両辺を r で割れば，$r < R$ における一般解，

$$\phi_{\mathrm{in}}(r) = -\frac{\rho_0}{6\epsilon_0}r^2 + c_1 + \frac{c_2}{r}$$

が得られる．一方，$r \geq R$ では，

$$\nabla^2\phi(r) = \frac{1}{r}\frac{\mathrm{d}^2}{\mathrm{d}r^2}\{r\phi(r)\} = 0$$

となるので，同様にして，

$$\phi_{\mathrm{out}}(r) = c_3 + \frac{c_4}{r}$$

となる．ここで，$r = 0$ で発散しないこと，また $r \to \infty$ で $\phi(r) = 0$ とすることを考慮すると，

$$c_2 = c_3 = 0$$

が得られる．さらに，$r = R$ で連続条件，$\phi_{\mathrm{in}}(r) = \phi_{\mathrm{out}}(r)$ および $\phi'_{\mathrm{in}}(r) = \phi'_{\mathrm{out}}(r)$ を満たすとすると，

$$c_1 = \frac{\rho_0 R^3}{2\epsilon_0}, \quad c_4 = \frac{rR^3}{3\epsilon_0}$$

と求まり，

$$\phi(r) = \begin{cases} -\dfrac{\rho_0 r^2}{6\epsilon_0} + \dfrac{\rho_0 R^3}{2\epsilon_0} & (r < R) \\ \dfrac{\rho_0 R^3}{3\epsilon_0 e} & (r \geq R) \end{cases}$$

が得られる． □

5.4 ベクトルポテンシャル

電場の場合，静電ポテンシャル ϕ を用いて，マクスウェルの方程式からポアソンの方程式を導出したが，磁場の場合に同様なことができるだろうか．磁場に関するガウスの法則

$$\nabla \cdot \boldsymbol{B}(\boldsymbol{r}) = 0$$

は，磁場のもとになる磁荷がないことを表しているが，

$$\boldsymbol{B} = \nabla \times \boldsymbol{A} \tag{5.25}$$

なるベクトル $\boldsymbol{A}$ を導入すると，磁場に関するガウスの法則は自動的に満たされる．この $\boldsymbol{A}$ を**ベクトルポテンシャル**と呼ぶ．これを，アンペールの法則

$$\nabla \times \boldsymbol{B}(\boldsymbol{r}) = \mu_0 \boldsymbol{j}(\boldsymbol{r})$$

に代入すると，

$$\nabla \times \{\nabla \times \boldsymbol{A}(\boldsymbol{r})\} = \mu_0 \boldsymbol{j}(\boldsymbol{r})$$

より

$$-\nabla^2 \boldsymbol{A}(\boldsymbol{r}) + \nabla\{\nabla \cdot \boldsymbol{A}(\boldsymbol{r})\} = \mu_0 \boldsymbol{j}(\boldsymbol{r})$$

となる．ここで，

$$\nabla \cdot \boldsymbol{A}(\boldsymbol{r}) = 0$$

となる場合を考えてみよう．このとき，

$$\nabla^2 \boldsymbol{A}(\boldsymbol{r}) = -\mu_0 \boldsymbol{j}(\boldsymbol{r}) \tag{5.26}$$

となり，ベクトルポテンシャルの各成分は，静電ポテンシャルのポアソン方程式と同じ形をしている．たとえば x 成分は，

$$\nabla^2 A_x(\boldsymbol{r}) = -\mu_0 j_x(\boldsymbol{r})$$

となり，電流密度が与えられればベクトルポテンシャルを求めることができる．

ここで，ベクトルポテンシャルの任意性について触れておく．任意の関数 $\chi(\boldsymbol{r})$ に対して，

$$\nabla \times \{\nabla \chi(\boldsymbol{r})\} = 0$$

が成り立つから，ベクトルポテンシャル $\boldsymbol{A}(\boldsymbol{r})$ に対して，

$$\boldsymbol{A}'(\boldsymbol{r}) = \boldsymbol{A}(\boldsymbol{r}) + \nabla\chi(\boldsymbol{r})$$

を定義すれば，

$$\nabla \times \boldsymbol{A}'(\boldsymbol{r}) = \nabla \times \{\boldsymbol{A}(\boldsymbol{r}) + \nabla\chi(\boldsymbol{r})\} = \nabla \times \boldsymbol{A}(\boldsymbol{r})$$

が成り立つので，$\boldsymbol{A}'(\boldsymbol{r})$ も $\boldsymbol{B}(\boldsymbol{r})$ のベクトルポテンシャルとなっている．したがって，先ほどの，

$$\nabla \cdot \boldsymbol{A}(\boldsymbol{r}) = 0$$

を満たすような $\boldsymbol{A}(\boldsymbol{r})$ を作ることは可能である．このようなベクトルポテンシャルの選び方は**クーロンゲージ**と呼ばれている．

5.5 電　磁　波

マクスウェルによるアンペールの法則への変位電流の導入は，純粋に理論的考察によるものであった．その存在が実験的に示されたのは，1887 年にヘルツ (H. R. Hertz) によって行われた**電磁波**の発信・受信の実験である．現代においては，電磁波は我々の生活になくてはならないものとなっている．ここでは，真空中のマクスウェルの方程式から電磁波が満たすべき**波動方程式**を導出する．

真空中では電荷も電流もないので，マクスウェルの方程式は，$\boldsymbol{E}$ と $\boldsymbol{H}$ を用いて書くと，

$$\nabla \cdot \boldsymbol{E}(\boldsymbol{r}, t) = 0 \tag{5.27}$$

$$\nabla \cdot \boldsymbol{H}(\boldsymbol{r}, t) = 0 \tag{5.28}$$

$$\nabla \times \boldsymbol{E}(\boldsymbol{r}, t) + \mu_0 \frac{\partial \boldsymbol{H}(\boldsymbol{r}, t)}{\partial t} = 0 \tag{5.29}$$

$$\nabla \times \boldsymbol{H}(\boldsymbol{r}, t) - \epsilon_0 \frac{\partial \boldsymbol{E}(\boldsymbol{r}, t)}{\partial t} = 0 \tag{5.30}$$

である．式 (5.29) に $\nabla\times$ を演算させると，

$$\nabla \times \{\nabla \times \boldsymbol{E}(\boldsymbol{r}, t)\} + \mu_0 \nabla \times \frac{\partial \boldsymbol{H}(\boldsymbol{r}, t)}{\partial t} = 0$$

となり，

$$\nabla \times \{\nabla \times \boldsymbol{E}(\boldsymbol{r}, t)\} = -\nabla^2 \boldsymbol{E}(\boldsymbol{r}, t) + \nabla\{\nabla \cdot \boldsymbol{E}(\boldsymbol{r}, t)\}$$

と式 (5.27) より，

$$\nabla \times \frac{\partial \boldsymbol{H}(\boldsymbol{r},t)}{\partial t} = \frac{1}{\mu_0}\nabla^2 \boldsymbol{E}(\boldsymbol{r},t) \tag{5.31}$$

が得られる．また，式 (5.30) を時間で微分すると，

$$\frac{\partial}{\partial t}\{\nabla \times \boldsymbol{H}(\boldsymbol{r},t)\} - \epsilon_0 \frac{\partial^2 \boldsymbol{E}(\boldsymbol{r},t)}{\partial t^2} = 0$$

となる．この式の第1項と式 (5.31) の左辺は時間と空間の微分の順序を入れ替えれば同じなので，式 (5.31) を代入すれば，

$$\nabla^2 \boldsymbol{E}(\boldsymbol{r},t) - \epsilon_0\mu_0 \frac{\partial^2 \boldsymbol{E}(\boldsymbol{r},t)}{\partial t^2} = 0 \tag{5.32}$$

が得られる．これは，電場に関する波動方程式である．同様に式 (5.30) に $\nabla\times$ を演算させ，式 (5.29) を時間で微分した式を用いれば，

$$\nabla^2 \boldsymbol{H}(\boldsymbol{r},t) - \epsilon_0\mu_0 \frac{\partial^2 \boldsymbol{H}(\boldsymbol{r},t)}{\partial t^2} = 0 \tag{5.33}$$

が得られる．これは磁場に関する波動方程式であり，電場の場合と完全に同じ形をしている．これらの波動方程式は電場と磁場が互いに絡み合って空間を波として伝播していくことを示している．すなわち，式 (5.29) で表されるように時間変動する磁場が電磁誘導により電場を作り，このとき発生した時間変動する電場は変位電流となり式 (5.30) によって磁場を作り出す．これらの電場と磁場が空間を電磁波として伝播するのである．

波動方程式の解をみるために，電場と磁場は x にのみ空間変化するとし，また，電場は y 成分のみ，磁場は z 成分のみ値を持っているとする．すなわち，

$$\boldsymbol{E}(\boldsymbol{r},t) = (0, E_y(x,t), 0) \tag{5.34}$$

$$\boldsymbol{H}(\boldsymbol{r},t) = (0, 0, H_z(x,t)) \tag{5.35}$$

であるとする．これらを式 (5.32) および (5.33) に代入すれば，

$$\frac{\partial^2 E_y(x,t)}{\partial x^2} - \epsilon_0\mu_0 \frac{\partial^2 E_y(x,t)}{\partial t^2} = 0$$
$$\frac{\partial^2 H_z(x,t)}{\partial x^2} - \epsilon_0\mu_0 \frac{\partial^2 H_z(x,t)}{\partial t^2} = 0$$

この偏微分方程式は x 軸方向に伝わる波を記述するものとして物理の問題とし

てよく現れる．このとき，

$$c = \frac{1}{\sqrt{\epsilon_0 \mu_0}} \tag{5.36}$$

とおくと，c は電磁波の伝わる速さとなり，ϵ_0 と μ_0 の値を代入すれば，

$$c = 2.998 \times 10^8 \ \mathrm{m/s}$$

である．この速さは光速と同じであり，光も電磁波の一種であることがわかる．c を用いて波動方程式を書き直せば，

$$\frac{\partial^2 E_y(x,t)}{\partial x^2} - \frac{1}{c^2}\frac{\partial^2 E_y(x,t)}{\partial t^2} = 0 \tag{5.37}$$

$$\frac{\partial^2 H_z(x,t)}{\partial x^2} - \frac{1}{c^2}\frac{\partial^2 H_z(x,t)}{\partial t^2} = 0 \tag{5.38}$$

となる．この波動方程式の解として，

$$E_y(x,t) = E_0 \cos(kx - \omega t) \tag{5.39}$$

$$H_z(x,t) = H_0 \cos(kx - \omega t) \tag{5.40}$$

の形の解を考える．ここで，E_0 および H_0 は電場および磁場の振幅である．また，波長を λ，f を振動数（周波数）とすると，k は**波数**と呼ばれ $k = \frac{2\pi}{\lambda}$，ω は角振動数で $\omega = 2\pi f$ である．これら解を，式 (5.37)，(5.38) に代入すれば，k と ω に，

$$\omega = ck \tag{5.41}$$

の関係があれば，波動方程式の解になっていることがわかる．

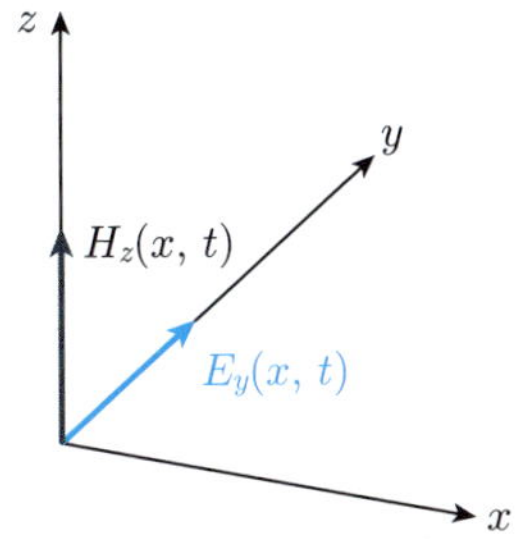

図 5.1　電磁波

式 (5.29) に

$$\boldsymbol{E}(\boldsymbol{r},t) = (0, E_0\cos(kx-\omega t), 0)$$

$$\boldsymbol{H}(\boldsymbol{r},t) = (0, 0, H_0\cos(kx-\omega t))$$

を代入すると，

$$\frac{\partial E_y(x,t)}{\partial x} = -\mu_0\frac{\partial H_z(x,t)}{\partial t}$$

より，

$$kE_0\sin(kx-\omega t) = \mu_0\omega H_0\sin(kx-\omega t)$$

となり，

$$\frac{E}{H} = \frac{E_0}{H_0} = \frac{\mu_0\omega}{k} = \sqrt{\frac{\mu_0}{\epsilon_0}} = Z_0 \tag{5.42}$$

となる．これは，**真空のインピーダンス**と呼ばれる量で，その値は，

$$Z_0 = 376.7\,\Omega$$

である．また，真空中では磁束密度と磁場の強さには，

$$\boldsymbol{B} = \mu_0\boldsymbol{H}$$

の関係があるから，

$$\frac{E}{B} = \frac{\sqrt{\frac{\mu_0}{\epsilon_0}}}{\mu_0} = \frac{1}{\sqrt{\epsilon_0\mu_0}} = c \tag{5.43}$$

が得られる．すなわち，任意の時刻において，電磁波の電場に対する磁場の振幅の比は光速に等しい．

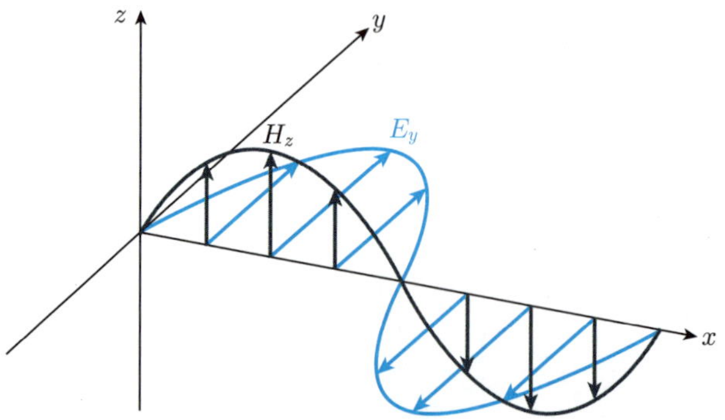

図 **5.2** 電磁波

これまでは，x 軸方向に進む波を考えてきたが，一般の場合には，電場と磁場はそれぞれ，

$$\boldsymbol{E}(\boldsymbol{r},t)=\boldsymbol{E}_0\cos(\boldsymbol{k}\cdot\boldsymbol{r}-\omega t) \tag{5.44}$$

$$\boldsymbol{H}(\boldsymbol{r},t)=\boldsymbol{H}_0\cos(\boldsymbol{k}\cdot\boldsymbol{r}-\omega t) \tag{5.45}$$

となる．また，sin 関数もやはり解となるので，オイラーの公式を用いれば，

$$\boldsymbol{E}(\boldsymbol{r},t)=\boldsymbol{E}_0\exp\{\mathrm{i}(\boldsymbol{k}\cdot\boldsymbol{r}-\omega t)\} \tag{5.46}$$

$$\boldsymbol{H}(\boldsymbol{r},t)=\boldsymbol{H}_0\exp\{\mathrm{i}(\boldsymbol{k}\cdot\boldsymbol{r}-\omega t)\} \tag{5.47}$$

も解となる．これらは波数ベクトル $\boldsymbol{k}$ の方向に進む平面波であり，やはり波動方程式 (5.32) と (5.33) の解になっている．これを式 (5.27) に代入すると，

$$\nabla\cdot\boldsymbol{E}(\boldsymbol{r},t)=\boldsymbol{k}\cdot\boldsymbol{E}_0\sin(\boldsymbol{k}\cdot\boldsymbol{r}-\omega t)=0$$

となり，これが，任意の時刻，位置で成り立つためには

$$\boldsymbol{k}\cdot\boldsymbol{E}_0=0$$

でなければならない．すなわち，波数ベクトル $\boldsymbol{k}$ と電場ベクトル $\boldsymbol{E}$ は垂直であることがわかる．また，式 (5.44)，(5.45) を式 (5.29) に代入すれば，

$$\boldsymbol{k}\times\boldsymbol{E}_0\sin(\boldsymbol{k}\cdot\boldsymbol{r}-\omega t)=\mu_0\omega\boldsymbol{H}_0\sin(\boldsymbol{k}\cdot\boldsymbol{r}-\omega t)$$

となり，

$$\boldsymbol{k}\times\boldsymbol{E}_0=\mu_0\omega\boldsymbol{H}_0$$

が得られる．外積の性質より，$\boldsymbol{H}_0$ は $\boldsymbol{k}$ と $\boldsymbol{E}_0$ のどちらにも垂直である．したがって，以上の結果より，電場と磁場は互いに垂直で，かつ進行方向にも垂直である．

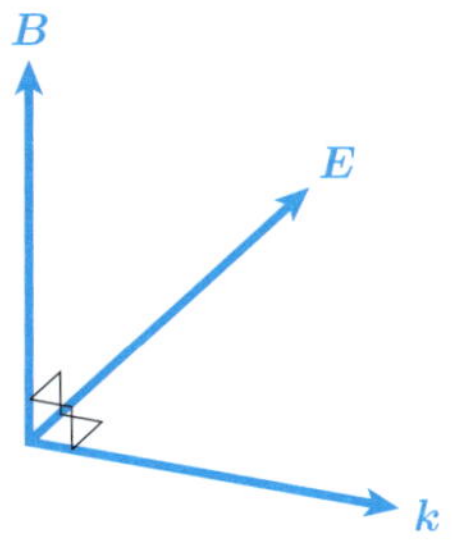

図 **5.3**　電場と磁場と波数のベクトルの関係

5.6 電磁場のエネルギーとポインティングベクトル

2.5 節で学んだように，静電場のエネルギー密度 u_{e} は式 (2.13) のように，

$$u_{\mathrm{e}} = \frac{1}{2}\epsilon_0 E^2 = \frac{1}{2}ED$$

である．一方，静磁場のエネルギー密度 u_{m} は式 (4.5) のように，

$$u_{\mathrm{m}} = \frac{1}{2\mu_0}B^2 = \frac{1}{2}\mu_0 H^2 = \frac{1}{2}BH$$

である．これらは，時間的に変動する電磁場である電磁波においても変わらない．すなわち，電磁場のエネルギー密度は，

$$u = u_{\mathrm{e}} + u_{\mathrm{m}} = \frac{1}{2}\epsilon_0 E^2 + \frac{1}{2}\mu_0 H^2 = \frac{1}{2}ED + \frac{1}{2}BH \tag{5.48}$$

である．ここで，電場と磁場の振幅の関係 $\frac{E_0}{H_0} = \sqrt{\frac{\mu_0}{\epsilon_0}}$ と，$c = \frac{1}{\sqrt{\epsilon_0\mu_0}}$ を使うと，磁場のエネルギー u_{m} は，

$$u_{\mathrm{m}} = \frac{1}{2}\mu_0\frac{\epsilon_0}{\mu_0}E^2 = \frac{1}{2}\epsilon_0 E^2$$

となる．すなわち，電磁波の場合，電場と磁場のエネルギーは等しく，

$$u = \epsilon_0 E^2 = \mu_0 H^2 = \frac{EH}{c}$$

と書くことができる．

ここで，**ポインティングベクトル**（Poynthing vector）と呼ばれるベクトル $\boldsymbol{S}(\boldsymbol{r},t)$ を

$$\boldsymbol{S}(\boldsymbol{r},t) = \boldsymbol{E}(\boldsymbol{r},t) \times \boldsymbol{H}(\boldsymbol{r},t) \tag{5.49}$$

と定義する．前節で述べた $\boldsymbol{E}_0$，$\boldsymbol{H}_0$，$\boldsymbol{k}$ の関係から，$\boldsymbol{S}(\boldsymbol{r},t)$ は電磁波の進行方向である $\boldsymbol{k}$ と同じ向きを向いている．また，

$$|\boldsymbol{S}(\boldsymbol{r},t)| = \frac{1}{\mu_0}|\boldsymbol{E}(\boldsymbol{r},t)||\boldsymbol{B}(\boldsymbol{r},t)|$$

より，$\frac{E_0}{B_0} = c$ を用いれば，

$$|\boldsymbol{S}(\boldsymbol{r},t)| = cu \tag{5.50}$$

となる．すなわち，電磁波は光速 c でエネルギー密度 u を運んでおり，それはポインティングベクトルで表されている．

第 5 章　演習問題

演習 5.1（電荷保存の法則）　微分形のマクスウェルの方程式より，電荷保存の法則

$$\frac{\partial \rho}{\partial t} + \nabla \cdot \boldsymbol{j} = 0$$

を導出せよ．

演習 5.2（円筒座標系でのラプラシアン）

$$\begin{aligned} x &= r\cos\theta \\ y &= r\sin\theta \\ z &= z \end{aligned}$$

である円筒座標系でのラプラシアンを求めよ．

演習 5.3（波動方程式の解）　波動方程式

$$\frac{\partial^2 u(x,t)}{\partial x^2} - \frac{1}{v^2}\frac{\partial^2 u(x,t)}{\partial t^2} = 0$$

の解が，f，g を任意の関数として，

$$u(x,t) = f(x - vt) + g(x + vt)$$

と表されることを示せ．

演習 5.4（直線偏波の電場に対応する磁場とポインティングベクトル）　直線偏波の電場

$$\boldsymbol{E}(\boldsymbol{r},t) = (0, E_0\cos(kx - \omega t), 0)$$

のとき，それ対応する磁場ベクトルとポインティングベクトルを求めよ．

演習 5.5（レーザーの電場）　1 mW のレーザーポインターから出ている直径 2 mm のビーム光の電磁場の強さはいくらか．

第 6 章

物質中の電磁場

物質に電磁場をかけたときに生じる分極と磁化について学び，物質中でのマクスウェルの方程式を導く．

6.1 誘電体と分極

導体に外部から電場が働いたとき，導体中の自由電子が移動し，導体表面には誘導電荷が生じ，結果として導体内部の電場はゼロとなる．絶縁体ではどのようになるのであろうか．絶縁体では自由電子は存在せず，電子は原子（分子）のまわりに局在している．絶縁体に外部から電場が働いたとき，**図 6.1** のように原子中の電子の分布に偏りが生じ，それが**分極**を作る．その結果，内部には外部の電場とは逆向きの電場が生じ，トータルの電場は弱められる．このような働きをおこす絶縁体を**誘電体**と呼ぶ．

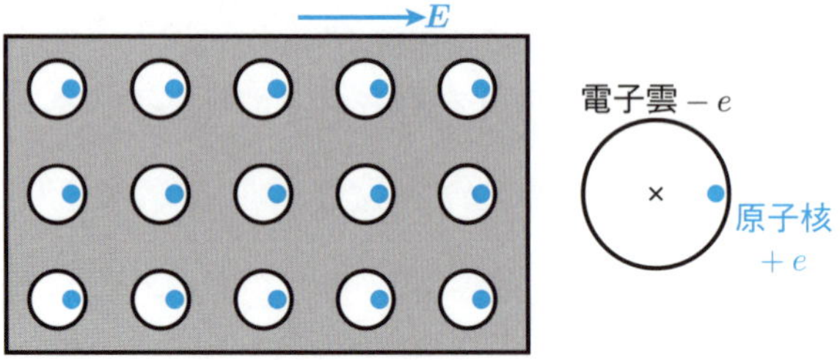

図 6.1　誘電体内部の分極

誘電体中の分極は分極ベクトル $\boldsymbol{P}(\boldsymbol{r})$ で記述され，その向きは外部の電場に反応して正の電荷が移動した向きであり，大きさは分極ベクトルと垂直な面から移動した電荷量であるとする．ある閉領域 V の表面 S から外へ移動した電荷量 Q_{P} は，

$$Q_{\mathrm{P}} = -\int_{\mathrm{S}} \boldsymbol{P}(\boldsymbol{r}) \cdot \boldsymbol{n}(\boldsymbol{r}) \mathrm{d}S$$

であり，また，分極電荷の密度を ρ_{P} とすれば，

$$Q_\mathrm{P} = \int_\mathrm{V} \rho_\mathrm{P}(\boldsymbol{r})\mathrm{d}V$$

と書くこともできる．したがって，ガウスの定理 (5.9) を用いれば，

$$\nabla \cdot \boldsymbol{P}(\boldsymbol{r}) = -\rho_\mathrm{P}(\boldsymbol{r}) \tag{6.1}$$

となる．物質中のガウスの法則は，普通の電荷 $\rho(\boldsymbol{r})$ と分極によって生じた分極電荷 $\rho_\mathrm{P}(\boldsymbol{r})$ を考慮して，

$$\nabla \cdot \boldsymbol{E}(\boldsymbol{r}) = \frac{1}{\epsilon_0}\{\rho(\boldsymbol{r}) + \rho_\mathrm{P}(\boldsymbol{r})\}$$

となり，式 (6.1) を用いれば，

$$\nabla \cdot \boldsymbol{E}(\boldsymbol{r}) = \frac{1}{\epsilon_0}\{\rho(\boldsymbol{r}) - \nabla \cdot \boldsymbol{P}(\boldsymbol{r})\}$$

となる．ここで，真空中では 1.5 節で導入した電束密度 $\boldsymbol{D}(\boldsymbol{r})$ を物質中では

$$\boldsymbol{D}(\boldsymbol{r}) = \epsilon_0 \boldsymbol{E}(\boldsymbol{r}) + \boldsymbol{P}(\boldsymbol{r}) \tag{6.2}$$

と定義すると，物質中でのガウスの法則

$$\nabla \cdot \boldsymbol{D}(\boldsymbol{r}) = \rho(\boldsymbol{r}) \tag{6.3}$$

あるいは，

$$\int_\mathrm{S} \boldsymbol{D}(\boldsymbol{r}) \cdot \boldsymbol{n}(\boldsymbol{r})\mathrm{d}S = \int_\mathrm{V} \rho(\boldsymbol{r})\mathrm{d}V \tag{6.4}$$

が得られる．

電場が弱く，誘電体の構造が等方的な場合は，分極は電場に比例し，

$$\boldsymbol{P}(\boldsymbol{r}) = \epsilon_0 \chi_\mathrm{e} \boldsymbol{E}(\boldsymbol{r}) \tag{6.5}$$

となる．χ_e は**電気感受率**と呼ばれる物質で決まる無次元の定数である（一般にはテンソルであり周波数に依存する）．電束密度の定義式 (6.2) より，

$$\begin{aligned}\boldsymbol{D}(\boldsymbol{r}) &= \epsilon_0 \boldsymbol{E}(\boldsymbol{r}) + \epsilon_0 \chi_\mathrm{e} \boldsymbol{E}(\boldsymbol{r}) \\ &= \epsilon_0(1 + \chi_\mathrm{e})\boldsymbol{E}(\boldsymbol{r}) \\ &= \epsilon \boldsymbol{E}(\boldsymbol{r})\end{aligned} \tag{6.6}$$

となり，電場が弱く，誘電体の構造が等方的な場合は，電束密度 $\boldsymbol{D}(\boldsymbol{r})$ もまた

電場 $\boldsymbol{E}(\boldsymbol{r})$ に比例する．このとき，比例定数は**誘電率** ϵ と呼ばれる．また，

$$\kappa = \frac{\epsilon}{\epsilon_0} = 1 + \chi_{\mathrm{e}} \tag{6.7}$$

を**比誘電率**と呼ぶ．物質中でのガウスの法則は，電場を用いれば，

$$\nabla \cdot \boldsymbol{E}(\boldsymbol{r}) = \frac{\rho(\boldsymbol{r})}{\epsilon} \tag{6.8}$$

あるいは，

$$\int_{\mathrm{S}} \boldsymbol{E}(\boldsymbol{r}) \cdot \boldsymbol{n}(\boldsymbol{r}) \mathrm{d}S = \frac{1}{\epsilon} \int_{\mathrm{V}} \rho(\boldsymbol{r}) \mathrm{d}V \tag{6.9}$$

となる．ここで，物質固有の分極の性質はすべて誘電率 ϵ に押し込められている．

6.2 磁性体と磁化

物質に外部から電場が働いたとき，物質内部には分極が生じ，それによって電場が満たすべき方程式が書きかえられた．物質に磁場が働いた場合はどうなるであろうか．磁場の場合にも電場と同様なことがおこる．物質中の原子はそれ自身，微小な磁石である．その起源は原子内部での電子の「**軌道運動**」による回転電流と電子自身の「自転」（**スピン**）が作る磁気モーメントであるが，実際は古典的なイメージの運動では記述できず，「**量子力学**」での取り扱いが必要となる．また，原子がもともと微小な磁石でない場合でも，外部からの磁場による原子内の電子の運動の変化により微小な磁石となる場合もある．前者の場合，物質内部でばらばらの向きを向いていた微小磁石は外部の磁場によりその向きを揃えマクロな**磁化**が発生する．このような物質を**常磁性体**という．また原子が作る微小磁石間の結合が非常に強い場合には，外部に磁場がなくても集団として向きを揃え有限の磁化が発生する．このような物質は**強磁性体**と呼ばれる．一方，外部の磁場によって微小磁石が生じる場合は，その微小磁石は外部の磁場を打ち消す向きに発生する．このような物質は**反磁性体**と呼ばれている．このように，すべての物質は電気的な応答を示す誘電的性質ほどは顕著でないが，少なからず磁気的な性質を持っている．物質を磁気的性質に注目して扱うとき，その物質を**磁性体**と呼ぶ．

物質内部に発生したマクロな磁化を**磁化ベクトル** $\boldsymbol{M}(\boldsymbol{r})$ とする．磁場の源は3.8節で学んだように電流であり，時間変動する電場がない場合には，

$$\nabla \times \boldsymbol{B}(\boldsymbol{r}) = \mu_0 \boldsymbol{j}(\boldsymbol{r})$$

となるが，物質内部に発生したマクロな磁化ベクトルに対して

$$\boldsymbol{j}_{\mathrm{M}}(\boldsymbol{r}) = \nabla \times \boldsymbol{M}(\boldsymbol{r}) \tag{6.10}$$

なるベクトルを考えると，これは，磁化によって誘起された電流密度であると考えることができる．物質中のアンペールの法則は通常の電流密度 $\boldsymbol{j}(\boldsymbol{r})$ と磁化によって生じた電流密度 $\boldsymbol{j}_{\mathrm{M}}(\boldsymbol{r})$ を考慮して，

$$\nabla \times \boldsymbol{B}(\boldsymbol{r}) = \mu_0 \{\boldsymbol{j}(\boldsymbol{r}) + \boldsymbol{j}_{\mathrm{M}}(\boldsymbol{r})\}$$

となり，式 (6.10) を用いれば，

$$\nabla \times \boldsymbol{B}(\boldsymbol{r}) = \mu_0 \{\boldsymbol{j}(\boldsymbol{r}) + \nabla \times \boldsymbol{M}(\boldsymbol{r})\}$$

となる．ここで，真空中では3.9節で導入した磁場の強さを物質中では

$$\boldsymbol{H}(\boldsymbol{r}) = \frac{1}{\mu_0}\boldsymbol{B}(\boldsymbol{r}) - \boldsymbol{M}(\boldsymbol{r}) \tag{6.11}$$

と定義する．これを用いると，物質中でのアンペールの法則

$$\nabla \times \boldsymbol{H}(\boldsymbol{r}) = \boldsymbol{j}(\boldsymbol{r}) \tag{6.12}$$

あるいは

$$\oint_{\mathrm{C}} \boldsymbol{H}(\boldsymbol{r}) \cdot \boldsymbol{t}(\boldsymbol{r}) \mathrm{d}l = \int_{\mathrm{S}} \boldsymbol{j}(\boldsymbol{r}) \cdot \boldsymbol{n}(\boldsymbol{r}) \mathrm{d}S \tag{6.13}$$

が得られる．

磁場が弱い場合には，磁化ベクトルは磁場の大きさのベクトルに比例し，

$$\boldsymbol{M}(\boldsymbol{r}) = \chi_{\mathrm{m}} \boldsymbol{H}(\boldsymbol{r}) \tag{6.14}$$

となる．χ_{m} は**磁化率**と呼ばれる物質で決まる定数である．$\boldsymbol{H}(\boldsymbol{r})$ の定義より，

$$\begin{aligned} \boldsymbol{B}(\boldsymbol{r}) &= \mu_0 \boldsymbol{H}(\boldsymbol{r}) + \mu_0 \chi_{\mathrm{m}} \boldsymbol{H}(\boldsymbol{r}) \\ &= \mu_0 (1+\chi_{\mathrm{m}}) \boldsymbol{H}(\boldsymbol{r}) \\ &= \mu \boldsymbol{H}(\boldsymbol{r}) \end{aligned} \tag{6.15}$$

となり，磁場が弱い場合には，$\boldsymbol{B}(\boldsymbol{r})$ と $\boldsymbol{H}(\boldsymbol{r})$ は比例する．ここで，比例定数 $\mu = \mu_0(1+\chi_{\mathrm{m}})$ は**透磁率**と呼ばれている量で，誘電体における誘電率と同様に，物質固有の磁性的性質はすべてここに押し込められている．

6.3 誘電体・磁性体と静電磁場

電荷がない誘電体中では静電場が満たすべき式は，電束密度 $\boldsymbol{D}(\boldsymbol{r})$ についてのガウスの法則

$$\int_{\mathrm{S}} \boldsymbol{D}(\boldsymbol{r}) \cdot \boldsymbol{n}(\boldsymbol{r}) \mathrm{d}S = 0$$

と，電場 $\boldsymbol{E}(\boldsymbol{r})$ についての渦なしの法則

$$\oint_{\mathrm{C}} \boldsymbol{E}(\boldsymbol{r}) \cdot \boldsymbol{t}(\boldsymbol{r}) \mathrm{d}l = 0$$

である．ここで，誘電率が ϵ_1 と ϵ_2 の 2 つの誘電体が接している境界面でこれらの法則を適用してみよう．

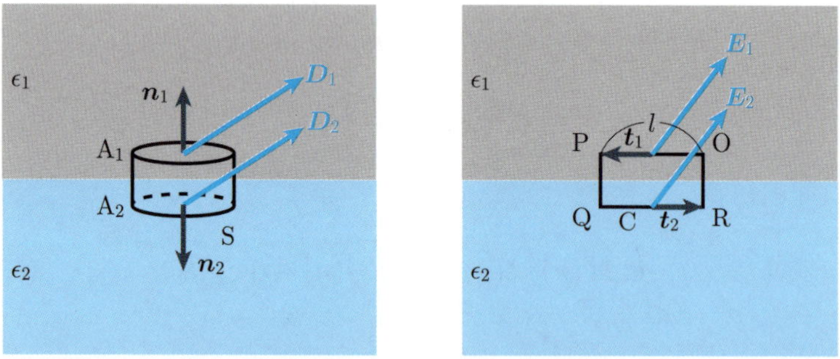

図 6.2　誘電率の境界面での電場 $\boldsymbol{E}(\boldsymbol{r})$ と電束密度 $\boldsymbol{D}(\boldsymbol{r})$ の接続条件

電束密度 $\boldsymbol{D}$ に適用するガウスの法則の閉曲面 S として，境界面に平行な面を上面と下面に持つ円柱の表面を考える．誘電率 ϵ_1 側の面を A_1，ϵ_2 側の面を A_2 とおく．円柱の高さは十分に小さいとすると側面の面積は小さいので，面積

分には寄与しない．A_1 上の電束密度と法線ベクトルをそれぞれ $\boldsymbol{D}_1$ と $\boldsymbol{n}_1$，A_2 上の電束密度と法線ベクトルをそれぞれ $\boldsymbol{D}_2$ と $\boldsymbol{n}_2$ とし，A_1 と A_2 の面積を A とすると，

$$\int_{\mathrm{S}} \boldsymbol{D}(\boldsymbol{r})\cdot\boldsymbol{n}(\boldsymbol{r})\mathrm{d}S = A(\boldsymbol{D}_1\cdot\boldsymbol{n}_1+\boldsymbol{D}_2\cdot\boldsymbol{n}_2)=0$$

となり，$\boldsymbol{n}_1$ と $\boldsymbol{n}_2$ は向かい合う平行な面の法線ベクトルだから，

$$\boldsymbol{n}_1=-\boldsymbol{n}_2$$

なので，

$$\boldsymbol{D}_1\cdot\boldsymbol{n}_1=\boldsymbol{D}_2\cdot\boldsymbol{n}_1$$

すなわち，電束密度 $\boldsymbol{D}_1$ と $\boldsymbol{D}_2$ は境界面で，その垂直成分が等しい．

一方，電場 $\boldsymbol{E}$ に適用する渦なしの法則の経路 C として，境界面に平行な 2 つの辺 OP，QR と，微小な長さの辺 RO，PQ からなる長方形 OPQR を考える．誘電率 ϵ_1 側の辺 OP の接線ベクトルを $\boldsymbol{t}_1$，電場を $\boldsymbol{E}_1$，誘電率 ϵ_2 側の辺 QR の接線ベクトルを $\boldsymbol{t}_2$，電場を $\boldsymbol{E}_2$ とし，辺 OP，QR の長さを l とすると，RO と PQ は微小なので線積分には寄与しないので，

$$\oint_{\mathrm{C}} \boldsymbol{E}(\boldsymbol{r})\cdot\boldsymbol{t}(\boldsymbol{r})\mathrm{d}l = l(\boldsymbol{E}_1\cdot\boldsymbol{t}_1+\boldsymbol{E}_2\cdot\boldsymbol{t}_2)=0$$

となり，$\boldsymbol{t}_1$ と $\boldsymbol{t}_2$ は向かい合う平行な辺の接線ベクトルだから，

$$\boldsymbol{t}_1=-\boldsymbol{t}_2$$

なので，

$$\boldsymbol{E}_1\cdot\boldsymbol{t}_1=\boldsymbol{E}_2\cdot\boldsymbol{t}_1$$

すなわち，電場 $\boldsymbol{E}_1$ と $\boldsymbol{E}_2$ は境界面で，その接線成分が等しい．

一方，電流がない磁性体中で静磁場が満たすべき式は，磁束密度 $\boldsymbol{B}(\boldsymbol{r})$ についてのガウスの法則

$$\int_{\mathrm{S}} \boldsymbol{B}(\boldsymbol{r})\cdot\boldsymbol{n}(\boldsymbol{r})\mathrm{d}S=0$$

と，磁場の強さ $\boldsymbol{H}(\boldsymbol{r})$ についてのアンペールの法則

$$\oint_{\mathrm{C}} \boldsymbol{H}(\boldsymbol{r})\cdot\boldsymbol{t}(\boldsymbol{r})\mathrm{d}l=0$$

である．ここで，透磁率が μ_1 と μ_2 の 2 つの磁性体が接している境界面でこれらの法則を適用してみよう．電場と電束密度と同様な議論を行えば，磁束密度

$\boldsymbol{B}$ は境界面でその垂直成分が等しく，また，磁場の強さのベクトル $\boldsymbol{H}$ は接線成分が等しいことがわかる．

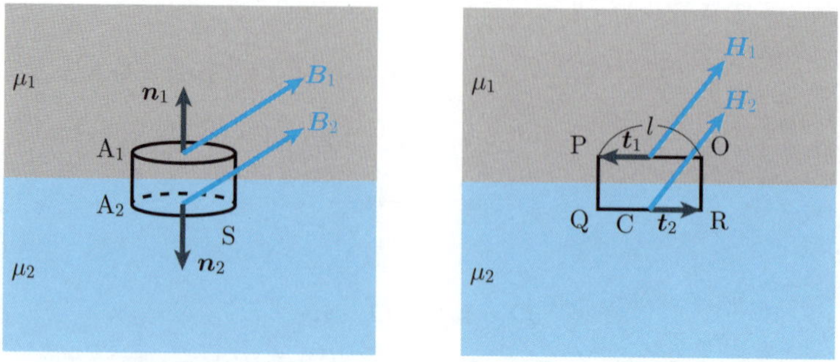

図 6.3 磁性体の境界面での磁場の強さ $\boldsymbol{H}(\boldsymbol{r})$ と磁束密度 $\boldsymbol{B}(\boldsymbol{r})$ の接続条件

6.4 物質中のマクスウェルの法則と電磁波

物質中でのマクスウェルの方程式は微分形で書き表せば，

$$\nabla \cdot \boldsymbol{D}(\boldsymbol{r}, t) = \rho(\boldsymbol{r}, t) \tag{6.16}$$

$$\nabla \cdot \boldsymbol{B}(\boldsymbol{r}, t) = 0 \tag{6.17}$$

$$\nabla \times \boldsymbol{E}(\boldsymbol{r}, t) + \frac{\partial \boldsymbol{B}(\boldsymbol{r}, t)}{\partial t} = 0 \tag{6.18}$$

$$\nabla \times \boldsymbol{H}(\boldsymbol{r}, t) - \frac{\partial \boldsymbol{D}(\boldsymbol{r}, t)}{\partial t} = \boldsymbol{j}(\boldsymbol{r}, t) \tag{6.19}$$

である．真空中と同様に物質中の電磁波を正弦波だとすると，電場や磁場が小さい場合には物質の性質を誘電率 ϵ と透磁率 μ に押し込めることができ，

$$\begin{aligned}
\boldsymbol{D}(\boldsymbol{r}, t) &= \epsilon_0 \boldsymbol{E}(\boldsymbol{r}, t) + \boldsymbol{P}(\boldsymbol{r}, t) \\
&= \epsilon \boldsymbol{E}(\boldsymbol{r}, t) \\
\boldsymbol{B}(\boldsymbol{r}, t) &= \mu_0 \boldsymbol{H}(\boldsymbol{r}, t) + \boldsymbol{M}(\boldsymbol{r}, t) \\
&= \mu \boldsymbol{H}(\boldsymbol{r}, t)
\end{aligned}$$

と書けるので，物質中のマクスウェルの方程式は，真空中のマクスウェルの方

程式を単に，$\epsilon_0 \to \epsilon$，$\mu_0 \to \mu$ にすればよく，その結果，

$$\nabla \cdot \boldsymbol{D}(\boldsymbol{r},t) = \rho(\boldsymbol{r},t) \tag{6.20}$$

$$\nabla \cdot \boldsymbol{B}(\boldsymbol{r},t) = 0 \tag{6.21}$$

$$\nabla \times \boldsymbol{E}(\boldsymbol{r},t) + \mu \frac{\partial \boldsymbol{H}(\boldsymbol{r},t)}{\partial t} = 0 \tag{6.22}$$

$$\nabla \times \boldsymbol{H}(\boldsymbol{r},t) - \epsilon \frac{\partial \boldsymbol{E}(\boldsymbol{r},t)}{\partial t} = \boldsymbol{j}(\boldsymbol{r},t) \tag{6.23}$$

となる．

ここで，真空中の場合と同様に，$\rho(\boldsymbol{r},t)=0$，$\boldsymbol{j}(\boldsymbol{r},t)=0$ の場合の物質中のマクスウェルの方程式を考える．真空中での議論と同様に，電場および磁場に関する波動方程式

$$\nabla^2 \boldsymbol{E}(\boldsymbol{r},t) - \epsilon\mu \frac{\partial^2 \boldsymbol{E}(\boldsymbol{r},t)}{\partial t^2} = 0 \tag{6.24}$$

$$\nabla^2 \boldsymbol{H}(\boldsymbol{r},t) - \epsilon\mu \frac{\partial^2 \boldsymbol{H}(\boldsymbol{r},t)}{\partial t^2} = 0 \tag{6.25}$$

が得られる．すなわち，電磁波の速さが，真空中での，

$$c = \frac{1}{\sqrt{\epsilon_0 \mu_0}}$$

ではなく，

$$v = \frac{1}{\sqrt{\epsilon\mu}} \tag{6.26}$$

となる．ほとんどの物質で $\mu \simeq \mu_0$ であり，$\epsilon = \epsilon_0(1+\chi_{\mathrm{e}}) > \epsilon_0$ なので，物質中での電磁波の速さは真空中での速さよりも遅くなる．物質中での電磁波の速さと真空中での電磁波の速さの比

$$n = \frac{c}{v} = \frac{\sqrt{\epsilon\mu}}{\sqrt{\epsilon_0\mu_0}} \simeq \sqrt{\frac{\epsilon}{\epsilon_0}} > 1 \tag{6.27}$$

を物質の**屈折率**と呼ぶ．屈折率 n の物質中では，電磁波の波長は真空中の $\frac{1}{n}$ 倍であり，波数は n 倍である．

物質中を伝わる電磁波を式 (5.46)，(5.47) で表される平面波，

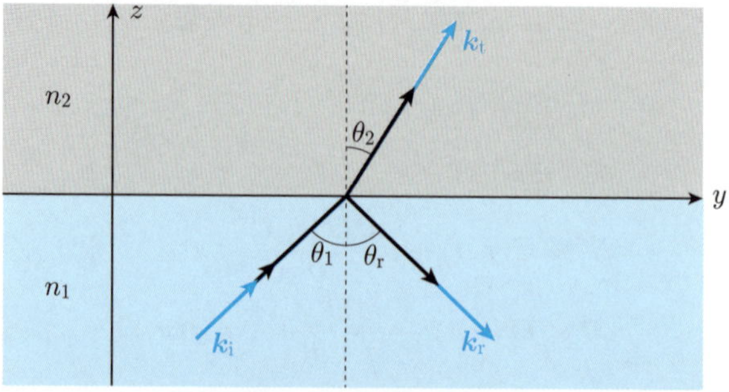

図 **6.4**　反射と屈折

$$\boldsymbol{E}(\boldsymbol{r},t) = \boldsymbol{E}_0 \exp\{\mathrm{i}(\boldsymbol{k}\cdot\boldsymbol{r} - \omega t)\}$$
$$\boldsymbol{H}(\boldsymbol{r},t) = \boldsymbol{H}_0 \exp\{\mathrm{i}(\boldsymbol{k}\cdot\boldsymbol{r} - \omega t)\}$$

であるとして，物質境界面での振舞いを見てみよう．E と H の比，

$$\frac{E}{H} = Z = \sqrt{\frac{\mu}{\epsilon}} \tag{6.28}$$

は，**特性インピーダンス**と呼ばれ，境界面で特性インピーダンスが変化すると，電磁波に反射が生じる．屈折率 n_1 と n_2 の境界面が $z = 0$ の xy 面にあるとき，$z < 0$ から入射波

$$\boldsymbol{E}_\mathrm{i} \exp\{\mathrm{i}(\boldsymbol{k}_\mathrm{i}\cdot\boldsymbol{r} - \omega t)\}$$

が境界面に角度 θ_1 で入射したとする．ただし，$\boldsymbol{k}_\mathrm{i}$ の x 成分はゼロとする．すなわち，入射面（$\boldsymbol{k}_\mathrm{i}$ を含み，境界面に垂直な面）を yz 面とする．境界面での反射波と透過波をそれぞれ

$$\boldsymbol{E}_\mathrm{r} \exp\{\mathrm{i}(\boldsymbol{k}_\mathrm{r}\cdot\boldsymbol{r} - \omega t)\}$$
$$\boldsymbol{E}_\mathrm{t} \exp\{\mathrm{i}(\boldsymbol{k}_\mathrm{t}\cdot\boldsymbol{r} - \omega t)\}$$

とする．境界面と反射波，透過波の角度はそれぞれ θ_r，θ_2 とする．電場は境界面（$z = 0$）でその接線成分が等しいから，

$$\boldsymbol{E}_{\mathrm{i}t} \exp\{\mathrm{i}(k_{\mathrm{i}y}y - \omega t)\} + \boldsymbol{E}_{\mathrm{r}t} \exp\{\mathrm{i}(k_{\mathrm{r}x}x + k_{\mathrm{r}y}y - \omega t)\}$$
$$= \boldsymbol{E}_{\mathrm{t}t} \exp\{\mathrm{i}(k_{\mathrm{t}x}x + k_{\mathrm{t}y}y\omega t)\}$$

となる．ただし，$\boldsymbol{E}_{\mathrm{i}t}$，$\boldsymbol{E}_{\mathrm{r}t}$，$\boldsymbol{E}_{\mathrm{t}t}$ はそれぞれ $\boldsymbol{E}_{\mathrm{i}}$，$\boldsymbol{E}_{\mathrm{r}}$，$\boldsymbol{E}_{\mathrm{t}}$ の境界面の接線方向成分である．この式が境界面上の任意の場所で成り立つためには，x，y の値に関係なく成り立つ必要があるから，

$$k_{\mathrm{r}x} = k_{\mathrm{t}x} = 0$$
$$k_{\mathrm{i}y} = k_{\mathrm{r}y} = k_{\mathrm{t}y}$$

である必要がある．この第 1 式は，反射波および透過波が入射波と同じ面内にあることを示している．一方，第 2 式は，$k_1 = |\boldsymbol{k}_{\mathrm{i}}| = |\boldsymbol{k}_{\mathrm{r}}|$，$k_2 = |\boldsymbol{k}_{\mathrm{t}}|$ とおくと，

$$k_1 \sin\theta_1 = k_1 \sin\theta_{\mathrm{r}} = k_2 \sin\theta_2$$

と書き表すことができる．真空中の波数を k とすると，$k_1 = n_1 k$，$k_2 = n_2 k$ であるので，

$$\theta_1 = \theta_{\mathrm{r}}$$
$$n_1 \sin\theta_1 = n_2 \sin\theta_2$$

が得られる．第 1 式は入射角と反射角が等しいことを表している．また，第 2 式は透過波が入射波に対して屈折して進行することを示しており，**スネルの法則**と呼ばれている．

第 6 章　演習問題

演習 6.1（**誘電体で満たされたコンデンサーの電気容量**）　極板面積が S，極板間距離が L の平行平板コンデンサーの電極間に誘電率 ϵ の誘電体が満たされているとき，このコンデンサーの電気容量を求めよ．また，極板間の途中に厚さ d の誘電体が入っているときの電気容量を求めよ．

演習 6.2（**電子の軌道の磁気モーメント**）　ボーアモデルでは陽子のまわりを電子がボーア半径 a で回っている．このとき，電子の軌道上に電子の電荷 $-e$ によって円電流が流れていると考えて，この円電流が作る磁気モーメントを求めよ．

演習 6.3（**全反射**）　屈折率が n_1 と n_2（$n_1 < n_2$）の境界面でスネルの法則より光が全反射する臨界の角度を求めよ．また，このとき，屈折率が n_2 側で電磁波はどうなっているか．

演習 6.4（**反射率**）　屈折率が n_1 と n_2 の境界面での電磁場の境界条件より，光の反射率および透過率を求めよ（フレネルの公式）．

付章

身のまわりの電磁場

我々の身のまわりは目には見えないが電磁場で満ち溢れている．身のまわりにある電磁場とそれらの大きさについて，いくつか例を挙げる．

現在，身のまわりで一番利用されている電磁場は，**携帯電話**による「電波」であろう．これは，周波数が 800 MHz〜2 GHz までの電磁波が用いられている．携帯電話の電波の出力は 0.1 W 程度である．これが，携帯電話のアンテナから等方的に放射されたとすると，携帯電話から 0.1 m 離れた場所での電磁場の大きさはどの程度であろうか．この携帯電話からは 1 秒間に 0.1 J のエネルギーが放出されている．これが，半径 0.1 m の球面を通過していくから，ポインティングベクトルの大きさは，

$$S = \frac{0.1\,\mathrm{J}}{1\,\mathrm{s} \times 4\pi \times 0.1^2\,\mathrm{m}^2} = 0.8\,\mathrm{W/m^2}$$

である．ポインティングベクトルの大きさと電場および磁場の大きさとの関係は，

$$S = EH$$

であり，E と H の比 Z_0 は，

$$Z_0 = \frac{E}{H} = 376.7\,\Omega$$

であったから，

$$S = \frac{E^2}{Z_0} = Z_0 H^2$$

となる．したがって，携帯電話から放射される電磁波は 0.1 m 離れた場所では，

$$E = \sqrt{376.6\,\Omega \times 0.8\,\mathrm{W/m^2}} = 17\,\mathrm{V/m}$$

$$H = \sqrt{\frac{0.8\,\mathrm{W/m^2}}{376.6\,\Omega}} = 0.046\,\mathrm{A/m}$$

となる．空気中では，ほぼ $B = \mu_0 H$ であるから，

$$B = 58 \times 10^{-9}\,\mathrm{T} = 58\,\mathrm{nT}$$

である．日本の**地磁気**の強さは 50000 nT 程度なので，それに比べると携帯電話の電磁波による磁場は 3 桁小さい．一方，マンションの屋上などに設置されている一般的な携帯電話の**基地局**のアンテナからは 30 W 程度の電波が出力されている．仮に，電波が等方的に放射されているとすると，アンテナから 20 m の位置では

$$S = 0.006\,\mathrm{W/m^2}$$

より，

$$E = 1.5\,\mathrm{V/m}$$

となり，0.1 m 離れた携帯電話からの電波より電場の大きさは 1 桁程度弱い．ただし，実際の基地局のアンテナは指向性があるため，必ずしもアンテナの近くが電場が強いわけではない．なお，日本における電場強度の規制値は 800 MHz で 44.8 V/m，1.5 GHz～300 GHz では 61.4 V/m となっている．

最近，鉄道の自動改札などでは，**非接触 IC カード**が使われている．これは，IC カードのリーダー／ライターから出ている 13.56 MHz の電磁波をカード内のコイルが受け，その誘導起電力により発生した電圧により内部の IC チップを駆動し，リーダー／ライターとの間に通信を行っている．リーダー／ライターのアンテナから出力される電磁波は 0.5 W 程度であり，アンテナの直上では $100\,\mathrm{W/m^2}$ の電力密度となる．これは，$E = 200\,\mathrm{V/m}$，$H = 0.5\,\mathrm{A/m}$ となるが，実際の利用状況では，規制値を下回るように設置されている．

プレゼンテーションで用いられる**レーザーポインター**はどの程度の電磁場の大きさであろうか．これは，5 章の章末問題として取り上げたが，改めてここでも取り上げよう．市販のレーザーポインターの出力は 1 mW 程度であるので，レーザー光のビーム半径が 1 mm だとすると，S は，

$$S = \frac{1 \times 10^{-3}\,\mathrm{W}}{\pi(1 \times 10^{-3})^2\,\mathrm{m^2}} = 318\,\mathrm{W/m^2}$$

となり，E と H はそれぞれ，

$$E = 346\,\mathrm{V/m}$$

$$H = 0.919\,\mathrm{A/m}$$

である．レーザーでは光が広がらないため，非常に強い電磁場が得られる．

身のまわりで一番劇的な電磁気学現象は**雷**であろう．雲がない晴れの日には，地表から上空に行くにしたがって 1 m あたり約 100 V の電位の増加がある．すなわち，100 V/m の電場がある．人間はよい導体であるので，導体である地面と等電位となり，我々はその電位差を実感することはない．空気は絶縁体であるが，地上 100 km にある電離層は導体であるので，地球自体が巨大な同心球コンデンサーになっている．では，雷はどうなっているのだろうか．空気は絶縁体ではあるが，雷ではその空気中を電流が流れる．空気に非常に大きな電場が働いたとき，空気中の分子がイオン化して導体化し，絶縁性が破壊される．この耐電圧は 1 cm あたり 10000 V 程度，すなわち，1×10^6 V/m の電場の大きさで空気は電気を流す．これが，空気中の放電である．雷は 2 km ほど上空の雷雲から地上への放電現象である．空気の絶縁性が破壊される電場を適用すれば，雷雲と地上との電位差は 2×10^9 V となるが，実際は 1×10^8 V 程度と見積もられており，その詳しいメカニズムはまだわかっていない．

人間ドックなどで用いられる **MRI**（Magnetic Resonance Imaging）検査では，大きな静磁場と電波を用いて人体の断面の画像を得ることができる．このとき用いられる磁場の大きさは 3 T（$= \mu_0 \times 2.4 \times 10^6$ A/m）である．これは，通常の永久磁石（フェライト磁石）の表面での磁場の大きさ（0.1 T）の 30 倍である．このような強い磁場中で頭を動かすと，脳内に発生する誘導電流によりめまいが生じるという．このような強い磁場を作るためにはコイルに大きな電流を流さなければならないが，通常の導線では電流を流したときに発生するジュール熱によって導線そのものが溶けてしまう．そのため，強い磁場を発生させるためには，大きな電流を流しつつ，ジュール熱が発生しないような状況が必要となる．これには，ある種の金属を極低温に冷却したときにおこる「**超伝導**」状態が利用される．超伝導状態では金属の電気抵抗がゼロとなるため，電流がジュール熱として消費されることなく流れ続ける．MRI などに用いられる超伝導磁石では，ニオブの合金がコイル線材として用いられている．

付録A ベクトル解析

電磁気学で必要なベクトル解析およびガウスの定理とストークスの定理の考え方を簡単に解説する．

A.1 ベクトルの演算

物理学では多くの量（物理量）が大きさと向きを持つ**ベクトル**量である．速度や加速度，力などはベクトル量である．一方，質量やエネルギー，電荷などは大きさしか持っておらず，**スカラー**量と呼ばれる．

高校まではベクトルはたとえば $\vec{A}$ のように文字の上に矢印をつけて表現しているが，多くの教科書と同様に本書でも $\boldsymbol{A}$ のように太文字で表すことにする．また，座標軸を決め，ベクトルの始点を原点に置いたときの終点の座標 (A_x, A_y, A_z) を用いて成分で表すこともできる．x，y，z 軸向きの大きさ 1 の**単位ベクトル**をそれぞれ $\boldsymbol{e}_x$，$\boldsymbol{e}_y$，$\boldsymbol{e}_z$ とすると，

$$\boldsymbol{e}_x = (1, 0, 0), \quad \boldsymbol{e}_y = (0, 1, 0), \quad \boldsymbol{e}_z = (0, 0, 1)$$

であり，これを用いると，$\boldsymbol{A}$ は，

$$\boldsymbol{A} = A_x\boldsymbol{e}_x + A_y\boldsymbol{e}_y + A_z\boldsymbol{e}_z$$

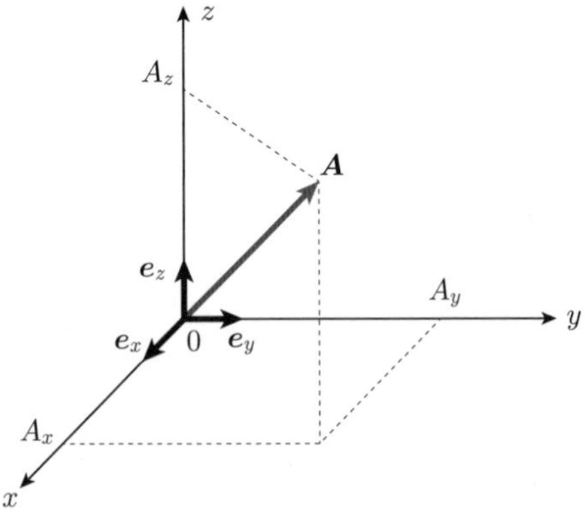

図 **A.1**　3 次元空間におけるベクトル

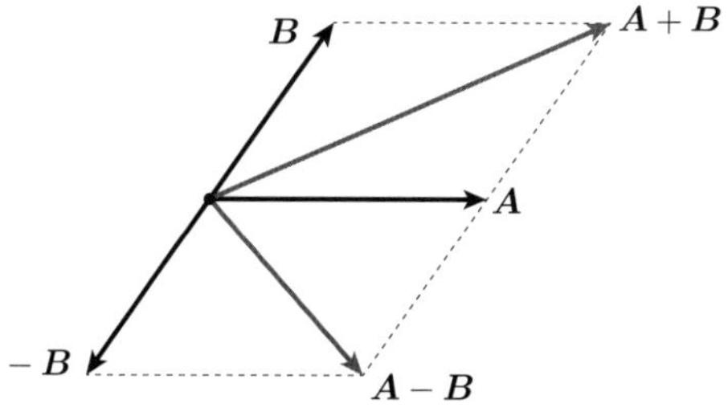

図 **A.2**　ベクトルの和と差

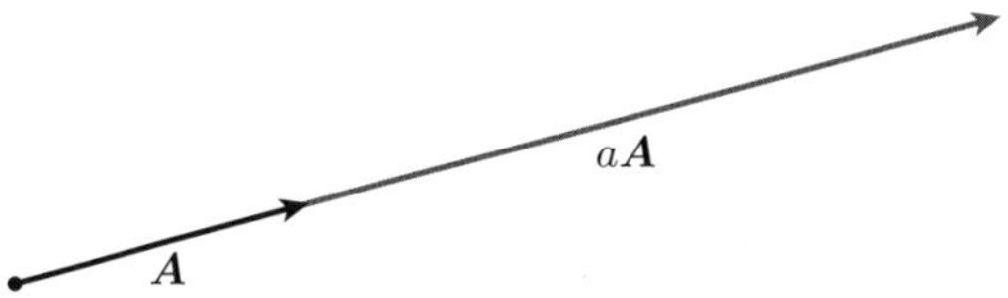

図 **A.3**　ベクトルのスカラー倍

と表すことができる．このベクトルの大きさは A あるいは $|\boldsymbol{A}|$ で表し，

$$A = |\boldsymbol{A}| = \sqrt{(A_x^2 + A_y^2 + A_z^2)}$$
$$= (A_x^2 + A_y^2 + A_z^2)^{1/2}$$

である．

$\boldsymbol{A} = (A_x, A_y, A_z)$，$\boldsymbol{B} = (B_x, B_y, B_z)$ のとき，ベクトルの和（差）は，

$$\boldsymbol{A} \pm \boldsymbol{B} = (A_x \pm B_x, A_y \pm B_y, A_z \pm B_z)$$

である．

また，ベクトルとスカラー a の積は，

$$a\boldsymbol{A} = (aA_x, aA_y, aA_z)$$

となり，向きを変えずに大きさを a 倍したベクトルとなる．

ベクトル $\boldsymbol{A}$ と同じ向きで大きさが 1 の単位ベクトルは，

$$\boldsymbol{n} = \frac{\boldsymbol{A}}{|\boldsymbol{A}|}$$

である．

ベクトル同士の積には 2 種類ある．ひとつ目は**内積**あるいは**スカラー積**と呼ばれているもので，ベクトル $\boldsymbol{A}$，$\boldsymbol{B}$ のなす角を θ とすると，

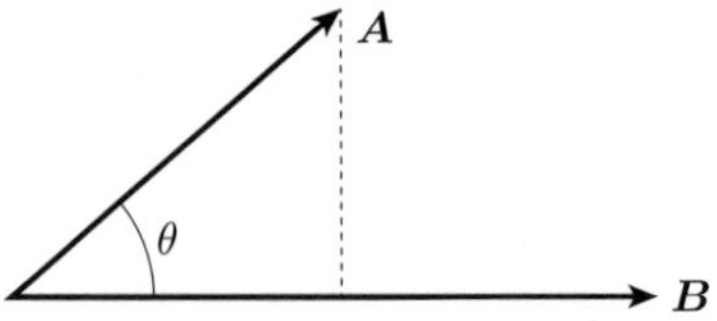

図 **A.4**　ベクトルの内積

$$
\begin{aligned}
\boldsymbol{A}\cdot\boldsymbol{B} &= |\boldsymbol{A}||\boldsymbol{B}|\cos\theta \\
&= A_xB_x + A_yB_y + A_zB_z
\end{aligned}
$$

であり，その演算子は「·」で表され，演算結果はスカラー量となる．この量は $\boldsymbol{A}$ の $\boldsymbol{B}$ 方向の成分（あるいは $\boldsymbol{B}$ の $\boldsymbol{A}$ 方向の成分）と $|\boldsymbol{B}|$（あるいは $|\boldsymbol{A}|$）との積と見ることができる．$\boldsymbol{e}_x$，$\boldsymbol{e}_y$，$\boldsymbol{e}_z$ ではその定義により，

$$
\begin{aligned}
&\boldsymbol{e}_x\cdot\boldsymbol{e}_x = \boldsymbol{e}_y\cdot\boldsymbol{e}_y = \boldsymbol{e}_z\cdot\boldsymbol{e}_z = 1 \\
&\boldsymbol{e}_x\cdot\boldsymbol{e}_y = \boldsymbol{e}_y\cdot\boldsymbol{e}_z = \boldsymbol{e}_z\cdot\boldsymbol{e}_x = 0
\end{aligned}
$$

である．

一方，演算子が「×」で表される**外積**あるいは**ベクトル積**と呼ばれる積，

$$\boldsymbol{A}\times\boldsymbol{B}$$

は，大きさが $\boldsymbol{A}$ と $\boldsymbol{B}$ で作られる平行四辺形の面積，すなわち，これらのベクトルのなす角を θ として，

$$|\boldsymbol{A}\times\boldsymbol{B}| = |\boldsymbol{A}||\boldsymbol{B}|\sin\theta$$

であり，その向きは，この平行四辺形に垂直で $\boldsymbol{A}$ と $\boldsymbol{B}$ の始点を一致させて，$\boldsymbol{A}$ を $\boldsymbol{B}$ に重ねるように回したときの右ネジが進む向きである．このとき，このベクトルを成分で書き表すと，

$$
\begin{aligned}
\boldsymbol{C} &= \boldsymbol{A}\times\boldsymbol{B} \\
&= (A_yB_z - A_zB_y, A_zB_x - A_xB_z, A_xB_y - A_yB_x)
\end{aligned}
$$

となる．$\boldsymbol{e}_x$，$\boldsymbol{e}_y$，$\boldsymbol{e}_z$ では，

$$
\begin{aligned}
&\boldsymbol{e}_x\times\boldsymbol{e}_x = \boldsymbol{e}_y\times\boldsymbol{e}_y = \boldsymbol{e}_z\times\boldsymbol{e}_z = 0 \\
&\boldsymbol{e}_x\times\boldsymbol{e}_y = \boldsymbol{e}_z \\
&\boldsymbol{e}_y\times\boldsymbol{e}_z = \boldsymbol{e}_x \\
&\boldsymbol{e}_z\times\boldsymbol{e}_x = \boldsymbol{e}_y
\end{aligned}
$$

となる．

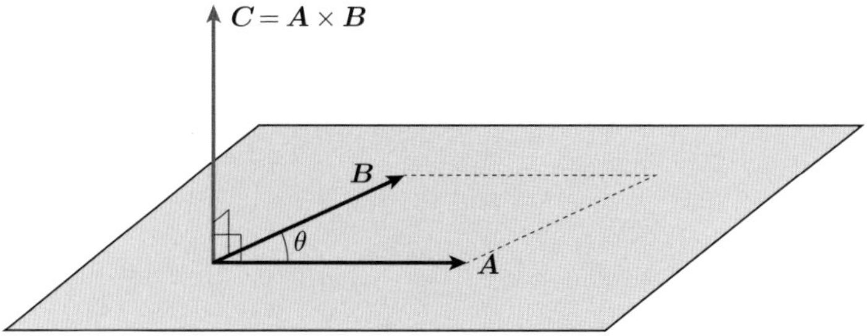

図 **A.5**　ベクトルの外積

A.2 ベクトルの微分

ベクトルの微分は，前節の演算規則を用いて行う．すなわち，ベクトル $\boldsymbol{A}$ の時間に関する微分は，

$$\frac{\mathrm{d}}{\mathrm{d}t}\boldsymbol{A} = \left(\frac{\mathrm{d}A_x}{\mathrm{d}t}, \frac{\mathrm{d}A_y}{\mathrm{d}t}, \frac{\mathrm{d}A_z}{\mathrm{d}t}\right)$$

となる．また空間に関する微分は 3 次元であるため，**微分演算子**もベクトルとなる．ベクトルの微分演算子 ∇（**ナブラ**）は

$$\nabla \equiv \left(\frac{\partial}{\partial x}, \frac{\partial}{\partial y}, \frac{\partial}{\partial z}\right) \tag{A.1}$$

と定義される．ここで，∂x の記号による微分は，y，z を一定にして x でのみ微分する**偏微分**である．

ナブラとスカラー関数 $f(x, y, z)$ の演算は，**勾配**（gradient）と呼ばれ，

$$\nabla f(x, y, z) = \mathrm{grad} f = \left(\frac{\partial f(x, y, z)}{\partial x}, \frac{\partial f(x, y, z)}{\partial y}, \frac{\partial f(x, y, z)}{\partial z}\right)$$

となる．たとえば，$f(x, y, z)$ として z 方向に一様な割合 a で増加する関数，

$$f(x, y, z) = az$$

とすると，

$$\nabla f(x, y, z) = \mathrm{grad} f = (0, 0, a)$$

となる．これは，関数 f の空間的な「傾き」を表している．

ナブラとベクトルの演算はベクトル同士の積と同様に 2 種類ある．内積は

$$\nabla \cdot \boldsymbol{A}(x, y, z) = \left(\frac{\partial}{\partial x}, \frac{\partial}{\partial y}, \frac{\partial}{\partial z}\right) \cdot (A_x, A_y, A_z) = \frac{\partial A_x}{\partial x} + \frac{\partial A_y}{\partial y} + \frac{\partial A_z}{\partial z}$$

となり，これは**発散**（divergence）と呼ばれ，$\mathrm{div}\boldsymbol{A}$ とも書かれる．たとえば，水の流れをベクトル場として考え，水の流れの中のある微小領域から水が「どれだけ減っ

たか」を計算するものが div と思えばよい.

どの場所でも一様に流れているようなベクトル場

$$\boldsymbol{B}(x,y,z)=(0,0,a)$$

の場合,

$$\nabla\cdot\boldsymbol{B}=\mathrm{div}\boldsymbol{B}=0$$

となる. また, 原点にある点電荷 q が作る電場

$$\boldsymbol{E}(x,y,z)=\frac{q}{4\pi\epsilon_0}\frac{\boldsymbol{r}}{r^3}=\frac{q}{4\pi\epsilon_0}\frac{(x,y,z)}{r^3}$$

でも, 原点以外では電気力線は切れることも出現することもないから,

$$\nabla\cdot\boldsymbol{E}=\frac{q}{4\pi\epsilon_0}\left(\frac{\partial}{\partial x}\frac{x}{r^3}+\frac{\partial}{\partial y}\frac{y}{r^3}+\frac{\partial}{\partial z}\frac{z}{r^3}\right)=0$$

となる. 一方, 原点から離れるほど流れが速くなるようなベクトル場

$$\boldsymbol{A}(x,y,z)=(x,y,z)$$

を考えると,

$$\nabla\cdot\boldsymbol{A}(x,y,z)=\mathrm{div}\boldsymbol{A}=\frac{\partial}{\partial x}x+\frac{\partial}{\partial y}y+\frac{\partial}{\partial z}z=3$$

となる. これはすべての場所で湧き出しがあることを示している.

ナブラとベクトルの外積は,

$$\nabla\times\boldsymbol{A}(x,y,z)=\left(\frac{\partial}{\partial y}A_z-\frac{\partial}{\partial z}A_y,\frac{\partial}{\partial z}A_x-\frac{\partial}{\partial x}A_z,\frac{\partial}{\partial x}A_y-\frac{\partial}{\partial y}A_x\right)$$

となり, これは**回転**（rotation）と呼ばれ, rot$\boldsymbol{A}$ とも書かれる. 再度, 水の流れを例とすると, 水面を流れる水をベクトル場として考え, その上に仮想的に小さな紙片を浮かべて, それが流れによって「どのくらい回転するか」を計算するものとイメージするとよい.

たとえば, xy 平面上で回転しているようなベクトル場

$$\boldsymbol{C}(x,y,z)=(-y,x,0)$$

の場合,

$$\nabla\times\boldsymbol{C}=\mathrm{rot}\boldsymbol{C}=\left(0,0,\frac{\partial}{\partial x}x-\frac{\partial}{\partial y}(-y)\right)=(0,0,2)$$

となり, 渦の中心である原点だけでなく, あらゆる場所で z 軸に平行な軸を回転軸として紙片は回転する. 一方, $\boldsymbol{A}=(x,y,z)$ や $\boldsymbol{B}=(0,0,a)$ では, rot はゼロとなり, 紙片は回転しない. なお, rot はナブラとベクトルの外積であるため, 演算結果はベクトルとなる. これは, 3次元空間中の流れの場において, 紙片をどのように配置するかによって, 回転の速さや回転軸の向きが変わるとイメージするとよい. 上記の例では, 紙片を yz 平面や zx 平面に平行においても, x 軸や y 軸に平行な軸を回転軸とする回転は行わない.

A.3 ガウスの定理

一般のベクトル場 $\boldsymbol{E}(\boldsymbol{r})$ に対して，閉曲面 S とそれで囲まれる領域 V について，

$$\int_{\mathrm{S}} \boldsymbol{E}(\boldsymbol{r}) \cdot \boldsymbol{n}(\boldsymbol{r}) \mathrm{d}S = \int_{\mathrm{V}} \nabla \cdot \boldsymbol{E}(\boldsymbol{r}) \mathrm{d}V$$

が成り立つ．これを**ガウスの定理**という．

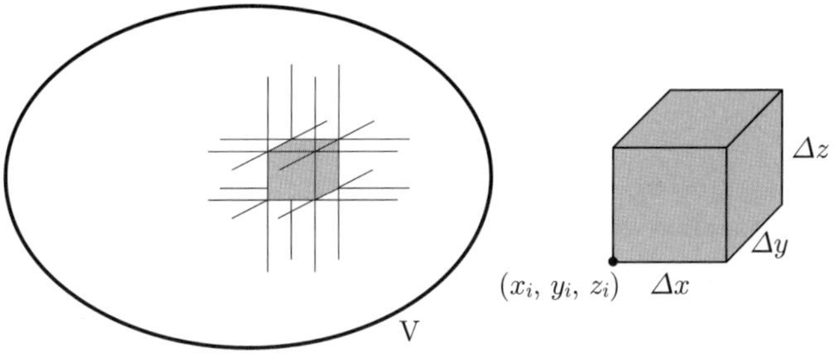

図 **A.6**　ガウスの定理

領域 V を図 **A.6** のように 3 辺が Δx，Δy，Δz の微小領域に分けたとする．i 番目の微小領域の閉曲面を $\Delta \mathrm{S}_i$ とすると，隣り合う微小領域間の面積分は $\boldsymbol{E}$ は同じで，法線ベクトル $\boldsymbol{n}$ の向きが逆向きとなるので打ち消し合うため，一番外側の面積分だけが残るので，閉曲面 S における面積分は，

$$\int_{\mathrm{S}} \boldsymbol{E} \cdot \boldsymbol{n} \mathrm{d}S = \sum_i \int_{\Delta \mathrm{S}_i} \boldsymbol{E} \cdot \boldsymbol{n} \mathrm{d}S$$

となる．$\Delta \mathrm{S}_i$ の端が (x_i, y_i, z_i) にあるとすると，この微小領域のベクトル $\boldsymbol{E}$ について，$x = x_i$ における x 成分を $E_x(x_i, y_i, z_i)$ とすると，微小領域の $x = x_i + \Delta x$ では，1 次の近似で，

$$E_x(x_i + \Delta x, y_i, z_i) = E_x(x_i, y_i, z_i) + \left. \frac{\partial E_x(x, y, z)}{\partial x} \right|_{x_i, y_i, z_i} \Delta x$$

となる．したがって，この微小領域での yz 面での面積分は

$$\begin{aligned}
&\{E_x(x_i + \Delta x, y_i, z_i) - E_x(x_i, y_i, z_i)\} \Delta y \Delta z \\
&= \left\{ E_x(x_i, y_i, z_i) + \left. \frac{\partial E_x(x, y, z)}{\partial x} \right|_{x_i, y_i, z_i} \Delta x - E_x(x_i, y_i, z_i) \right\} \Delta y \Delta z \\
&= \left. \frac{\partial E_x(x, y, z)}{\partial x} \right|_{x_i, y_i, z_i} \Delta x \Delta y \Delta z
\end{aligned}$$

となる．同様に，xy 面，zx 面についても行えば，i 番目の微小領域での面積分は

$$\int_{\Delta S_i} \boldsymbol{E}\cdot\boldsymbol{n}\mathrm{d}S = \left(\frac{\partial E_x}{\partial x}+\frac{\partial E_y}{\partial y}+\frac{\partial E_z}{\partial z}\right)\bigg|_i \Delta x\Delta y\Delta z = (\nabla\cdot\boldsymbol{E})_i\Delta V$$

となる．ここで，微小体積を ΔV とした．したがって，

$$\begin{aligned}\sum_i \int_{\Delta S_i} \boldsymbol{E}\cdot\boldsymbol{n}\mathrm{d}S &= \sum_i (\nabla\cdot\boldsymbol{E})_i\Delta V \\ &= \int_V \nabla\cdot\boldsymbol{E}\mathrm{d}V\end{aligned}$$

となり，ガウスの定理が示せた．

A.4 ストークスの定理

閉曲線Cとそれをふちにする面Sについて，

$$\oint_C \boldsymbol{E}(\boldsymbol{r})\cdot\boldsymbol{t}(\boldsymbol{r})\mathrm{d}l = \int_S \{\nabla\times\boldsymbol{E}(\boldsymbol{r})\}\cdot\boldsymbol{n}(\boldsymbol{r})\mathrm{d}S$$

が成り立つ．これは**ストークスの定理**と呼ばれている．

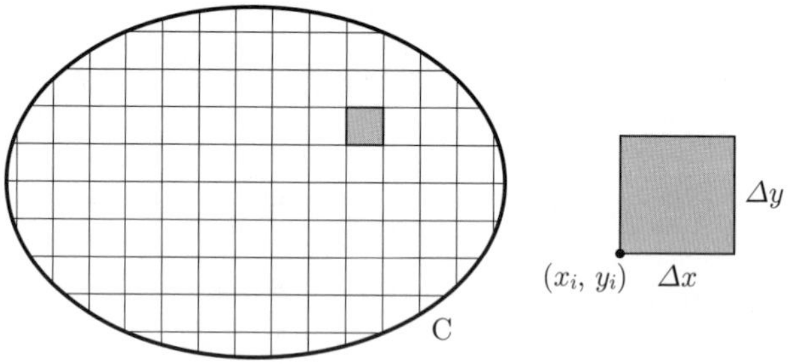

図 **A.7**　ストークスの定理

簡単のため，閉曲線Cが xy 面内にあるとする．この閉曲線を図 **A.7** のように微小な矩形で分割したとする．隣り合う微小矩形の境界の線積分は，$\boldsymbol{E}$ は等しく，接線ベクトル $\boldsymbol{t}$ は逆向きとなるため打ち消し合い，一番外側のみが残る．したがって，閉曲線Cにおける線積分は，

$$\oint_C \boldsymbol{E}\cdot\boldsymbol{t}\mathrm{d}l = \sum_i \oint_{\Delta C_i} \boldsymbol{E}\cdot\boldsymbol{t}\mathrm{d}l$$

となる．ここで ΔC_i は i 番目の微小矩形の周である．ΔC_i の端が (x_i, y_i) にあったとし，x，y 方向の長さをそれぞれ Δx，Δy とすると，この微小矩形のベクトル $\boldsymbol{E}$ に

対する線積分は,

$$\begin{aligned}&\oint_{\Delta \mathrm{C}_i} \boldsymbol{E} \cdot \boldsymbol{t} \mathrm{d}l \\ &= E_x(x_i, y_i)\Delta x + E_y(x_i + \Delta x, y_i)\Delta y \\ &\quad -E_x(x_i, y_i + \Delta y)\Delta x - E_y(x_i, y_i)\Delta y\end{aligned}$$

となる．1 次の近似では,

$$\begin{aligned}E_x(x_i, y_i + \Delta y) &= E_x(x_i, y_i) + \left.\frac{\partial E_x}{\partial y}\right|_{x_i, y_i} \Delta y \\ E_y(x_i + \Delta x, y_i) &= E_y(x_i, y_i) + \left.\frac{\partial E_y}{\partial x}\right|_{x_i, y_i} \Delta x\end{aligned}$$

となるので,

$$\begin{aligned}&\oint_{\Delta \mathrm{C}_i} \boldsymbol{E} \cdot \boldsymbol{t} \mathrm{d}l \\ &= E_x(x_i, y_i)\Delta x + \left\{ E_y(x_i, y_i) + \left.\frac{\partial E_y}{\partial x}\right|_{x_i, y_i} \Delta x \right\} \Delta y \\ &\quad - \left\{ E_x(x_i, y_i) + \left.\frac{\partial E_x}{\partial y}\right|_{x_i, y_i} \Delta y \right\} \Delta x - E_y(x_i, y_i)\Delta y \\ &= \left(\frac{\partial E_y}{\partial x} - \frac{\partial E_x}{\partial y} \right)_i \Delta x \Delta y \\ &= (\nabla \times \boldsymbol{E})|_i^z \Delta S\end{aligned}$$

となる．ここで，微小領域の面積を ΔS とした．また，$(\nabla \times \boldsymbol{E})|_i^z$ は i 番目の微小領域における $\nabla \times \boldsymbol{E}$ の z 成分であり，今考えている xy 面上の領域 ΔS に対して垂直成分となる．したがって,

$$\sum_i \oint_{\Delta \mathrm{C}_i} \boldsymbol{E} \cdot \boldsymbol{t} \mathrm{d}l = \sum_i (\nabla \times \boldsymbol{E})|_i^z \Delta S = \int_{\mathrm{S}} \{\nabla \times \boldsymbol{E}(\boldsymbol{r})\} \cdot \boldsymbol{n}(\boldsymbol{r}) \mathrm{d}S$$

となり，ストークスの定理を示すことができた.

演習問題解答

● 第1章

演習 1.1　ボーアモデルにおける水素原子のクーロン力と重力の大きさはそれぞれ,

$$|F_{\mathrm{C}}| = 9.0 \times 10^{9} \times \frac{(1.6 \times 10^{-19})^2}{(5.3 \times 10^{-11})^2} = 8.2 \times 10^{-8}\,\mathrm{N}$$

$$|F_{\mathrm{G}}| = 6.7 \times 10^{-11} \times \frac{9.1 \times 10^{-31} \times 1.7 \times 10^{-27}}{(5.3 \times 10^{-11})^2} = 3.7 \times 10^{-47}\,\mathrm{N}$$

であり，その比は,

$$\frac{|F_{\mathrm{C}}|}{|F_{\mathrm{G}}|} = 2.2 \times 10^{39}$$

となり，重力はクーロン力に比べると無視できるほどに小さい.

演習 1.2　$(0, 0, \frac{d}{2})$ にある $+q$ が $\boldsymbol{r} = (x, y, z)$ に作る電場 $\boldsymbol{E}_+$ は,

$$\boldsymbol{E}_+ = \frac{+q}{4\pi\epsilon_0} \frac{\left(x, y, z - \frac{d}{2}\right)}{\left\{x^2 + y^2 + \left(z - \frac{d}{2}\right)^2\right\}^{3/2}}$$

である．一方，$(0, 0, -\frac{d}{2})$ にある $-q$ が $\boldsymbol{r}$ に作る電場 $\boldsymbol{E}_-$ は,

$$\boldsymbol{E}_- = \frac{-q}{4\pi\epsilon_0} \frac{\left(x, y, z + \frac{d}{2}\right)}{\left\{x^2 + y^2 + \left(z + \frac{d}{2}\right)^2\right\}^{3/2}}$$

となる．これらの電荷が $\boldsymbol{r}$ に作る電場 $\boldsymbol{E}$ は,

$$\boldsymbol{E} = \boldsymbol{E}_+ + \boldsymbol{E}_-$$

で与えられる.

演習 1.3　z 軸上の点 $\mathrm{P}(0, 0, z)$ とする．リング上の微小区間 $\mathrm{d}l$ 上の電荷 $\mathrm{d}q$ は,

$$\mathrm{d}q = \lambda \mathrm{d}l$$

で，これが点 P に作る電場の大きさ $\mathrm{d}E$ は,

$$\mathrm{d}E = \frac{1}{4\pi\epsilon_0} \frac{\lambda \mathrm{d}q}{a^2 + z^2}$$

となる．$\mathrm{d}E$ の xy 成分はリングの対称性からキャンセルし，z 成分のみ残る．点 P からリングを繋ぐ線分と z 軸のなす角を θ とすると，電場の z 成分は,

$$\mathrm{d}E_z = \mathrm{d}E\cos\theta = \frac{1}{4\pi\epsilon_0}\frac{\lambda \mathrm{d}q}{a^2+z^2}\frac{z}{(a^2+z^2)^{1/2}}$$

となり，これをリング１周分で積分すると，

$$\begin{aligned} E_z &= \int_{\text{半径 } a \text{ の円周}} \frac{1}{4\pi\epsilon_0}\frac{\lambda z}{(a^2+z^2)^{3/2}}\mathrm{d}l = \frac{1}{4\pi\epsilon_0}\frac{\lambda z}{(a^2+z^2)^{3/2}} \times (2\pi a) \\ &= \frac{a\lambda z}{2\epsilon_0(a^2+z^2)^{3/2}} \end{aligned}$$

演習 1.4　ガウスの法則を適用する閉曲面 S として，z 軸を中心軸として半径 r，高さ h の円柱の表面を考える．対称性より，円柱状の電荷が作る電場は z 軸に垂直である．したがって，S の上下面は電場と並行なので，面積分に寄与しない．一方，S の側面上では電場は面に垂直で大きさが一定なので，それを $E(r)$ とすると，

$$\int_{\mathrm{S}} \boldsymbol{E}\cdot\boldsymbol{n}\mathrm{d}S = E(r)\times 2\pi r h$$

となる．一方，

$$\frac{1}{\epsilon_0}\int_{\mathrm{V}} \rho \mathrm{d}V = \begin{cases} \dfrac{1}{\epsilon_0}\pi a^2 h\rho_0 & (r \geq a) \\ \dfrac{1}{\epsilon_0}\pi r^2 h\rho_0 & (r < a) \end{cases}$$

である．したがって，ガウスの法則より，

$$E(r) = \begin{cases} \dfrac{a^2\rho_0}{2\epsilon_0 r} & (r \geq a) \\ \dfrac{\rho_0 r}{2\epsilon_0} & (r < a) \end{cases}$$

演習 1.5　$(0, 0, \frac{d}{2})$ にある $+q$ が $\boldsymbol{r} = (x, y, z)$ に作る電位 ϕ_+ は，

$$\phi_+ = \frac{1}{4\pi\epsilon_0}\frac{+q}{\left\{x^2+y^2+\left(z-\frac{d}{2}\right)^2\right\}^{1/2}}$$

である．一方，$(0, 0, -\frac{d}{2})$ にある $-q$ が $\boldsymbol{r}$ に作る電位 ϕ_- は，

$$\phi_- = \frac{q}{4\pi\epsilon_0}\frac{-q}{\left\{x^2+y^2+\left(z+\frac{d}{2}\right)^2\right\}^{1/2}}$$

となる．これらの電荷が $\boldsymbol{r}$ に作る電位 ϕ は，

$$\phi = \phi_+ + \phi_-$$

で得られる．

$r^2 = x^2 + y^2 + z^2$ として,

$$\left\{x^2 + y^2 + \left(z \pm \frac{d}{2}\right)^2\right\}^{-1/2} = \left(r^2 \pm zd + \frac{d^2}{4}\right)^{-1/2} = \frac{1}{r}\left(1 \pm \frac{zd}{r^2} + \frac{d^2}{4r^2}\right)^{-1/2}$$

であるが, $d \ll r$ のとき 1 次の近似でこれは,

$$\frac{1}{r}\left(1 \mp \frac{zd}{2r^2}\right)$$

となる．したがって,

$$\phi_{\pm} = \frac{\pm q}{4\pi\epsilon_0 r}\left(1 \pm \frac{zd}{2r^2}\right)$$

となり, 電位 ϕ は,

$$\phi = \frac{qdz}{4\pi\epsilon_0 r^3}$$

となる．また, **電気双極子モーメント**として, 大きさは電荷 q と正負の電荷間の距離 d との積で負の電荷から正の電荷へ向かうベクトル $\boldsymbol{\mu}$ を定義すると, この問題の場合には, $\boldsymbol{\mu} = (0, 0, qd)$ であるので, 電位は,

$$\phi = \frac{\boldsymbol{\mu} \cdot \boldsymbol{r}}{4\pi\epsilon_0 r^3}$$

と書くことができる．

演習 1.6 z 軸からの距離を r とすると, 電場の大きさ $E(r)$ は式 (1.8) より,

$$E(r) = \frac{\lambda}{2\pi\epsilon_0 r}$$

である．$r = r_{\mathrm{A}}$ を電位の基準点とすると, 電位は,

$$\phi(r) = -\int_{r_{\mathrm{A}}}^{r} \frac{\lambda}{2\pi\epsilon_0 r}\mathrm{d}r = -\left[\frac{\lambda}{4\pi\epsilon_0}\log r\right]_{r_{\mathrm{A}}}^{r} = \frac{\lambda}{4\pi\epsilon_0}\log\frac{r_a}{r}$$

● 第 2 章

演習 2.1 内側（半径 a）の導体球に $+Q$, 外側（半径 b）の導体球に $-Q$ を与えたとすると, 導体球と同じ中心を持つ半径 r の球面 S にガウスの法則を適用すると, 電場の大きさ $E(r)$ は,

$$E(r) = \begin{cases} 0 & (r < a,\ r > b) \\ \dfrac{Q}{4\pi\epsilon_0 r^2} & (a \le r \le b) \end{cases}$$

である．2 つの導体球間の電位差 V は,

$$V = \int_a^b \frac{Q}{4\pi\epsilon_0 r^2}\mathrm{d}r = \left[-\frac{Q}{4\pi\epsilon_0 r}\right]_a^b = \frac{Q}{4\pi\epsilon_0}\left(\frac{1}{a} - \frac{1}{b}\right)$$

なので，電気容量 C は，

$$C = \frac{Q}{V} = 4\pi\epsilon_0 \frac{ab}{b-a}$$

演習 2.2 内側の円筒導体に $+Q$，外側の円筒導体に $-Q$ を与えたとする．これらの円筒と同じ中心軸を持ち半径 r，高さ L の円柱表面にガウスの法則を適用して，電場の大きさ $E(r)$ は，

$$E(r) = \begin{cases} 0 & (r < a,\ r > b) \\ \dfrac{Q}{2\pi\epsilon_0 L r} & (a \leq r \leq b) \end{cases}$$

となる．2 つの導体間の電位差 V は，

$$V = \int_a^b \frac{Q}{2\pi\epsilon_0 L r}\mathrm{d}r = \left[\frac{Q}{2\pi\epsilon_0 L}\log r\right]_a^b = \frac{Q}{2\pi\epsilon_0 L}\left(\log\frac{b}{a}\right)$$

なので，電気容量 C は，

$$C = \frac{2\pi\epsilon_0 L}{\log\frac{b}{a}}$$

演習 2.3 導体内部では電場はゼロなので，$z < 0$ では $\boldsymbol{E} = 0$ となる．

$z > 0$ では，$(0, 0, h)$ に $+q$，$(0, 0, -h)$ に $-q$ の電荷があるとして，1 章の (2) と同様に，それぞれの電荷が $\boldsymbol{r} = (x, y, z)$ に作る電場 $\boldsymbol{E}_\pm$ は，

$$\boldsymbol{E}_\pm = \frac{\pm q}{4\pi\epsilon_0}\frac{(x, y, z \mp h)}{\left\{x^2 + y^2 + (z \mp h)^2\right\}^{3/2}}$$

であり，これらの電荷が $\boldsymbol{r}$ に作る電場 $\boldsymbol{E}$ は，

$$\boldsymbol{E} = \boldsymbol{E}_+ + \boldsymbol{E}_-$$

で与えられる．

導体表面（$z = 0$）での誘導電荷 $\sigma(x, y)$ を求めるために，導体表面での電場を計算する．$z = 0$ において，電場は

$$\begin{aligned} \boldsymbol{E}(x, y, 0) &= \frac{+q}{4\pi\epsilon_0}\frac{(x, y, -h)}{(x^2 + y^2 + h^2)^{3/2}} + \frac{-q}{4\pi\epsilon_0}\frac{(x, y, +h)}{(x^2 + y^2 + h^2)^{3/2}} \\ &= \left(0, 0, -\frac{qh}{2\pi\epsilon_0(x^2 + y^2 + h^2)^{3/2}}\right) \end{aligned}$$

であり，導体表面に垂直である．このとき表面電荷は電場の z 成分を E_z として，

$$\sigma(x, y) = \epsilon_0 E_z(x, y) = -\frac{qh}{2\pi(x^2 + y^2 + h^2)^{3/2}}$$

で与えられる．

なお，表面全体に誘起される電荷量 Q は，導体表面全体で積分して，

$$
\begin{aligned}
Q &= -\int_{-\infty}^{+\infty} \mathrm{d}x \int_{-\infty}^{+\infty} \mathrm{d}y \frac{qh}{2\pi(x^2+y^2+h^2)^{3/2}} \\
&= -\int_0^{2\pi} \mathrm{d}\theta \int_0^{\infty} r\mathrm{d}r \frac{qh}{2\pi(r^2+h^2)^{3/2}} = -\int_{h^2}^{\infty} \frac{\mathrm{d}t}{2}\frac{qh}{t^{3/2}} \\
&= -\frac{qh}{2}\left[-2t^{-1/2}\right]_{h^2}^{\infty} = -q
\end{aligned}
$$

となり，$(0,0,h)$ にある電荷 $+q$ を打ち消す（計算の過程で，$x = r\cos\theta$，$y = r\sin\theta$ および $t = r^2 + h^2$ の変数変換を用いた）．

演習 2.4　$\pm Q$ に帯電したコンデンサーの電極間はクーロン力によって引き合う．極板の面積 S，距離 d の平板コンデンサーの極板間に働く力の大きさをコンデンサーのエネルギーから求めよ．なお，一般に，エネルギー U が位置 x の関数であるとき，x 方向の力 F_x は $F_x = -\frac{\partial U}{\partial x}$ で与えられる．

極板の面積 S で間隔が d の平板コンデンサーの電気容量 C は，

$$
C = \epsilon_0 \frac{S}{d}
$$

であり，このコンデンサーに電荷 Q が蓄えられているときに，コンデンサーが持っているエネルギー U は，

$$
U = \frac{1}{2C}Q^2 = \frac{Q^2}{2\epsilon_0 S}d
$$

である．したがって，極板間に働く力 F は，

$$
F = -\frac{\partial U}{\partial d} = -\frac{Q^2}{2\epsilon_0 S}
$$

となり，引力である．

● 第 3 章

演習 3.1　極板間に電流 I を流したとすると，中心軸から距離 r（$a < r < b$）での電流密度 $i(r)$ は，

$$
i(r) = \frac{I}{2\pi r L}
$$

である．$E = \rho i$ より，極板間の電場 $E(r)$ は

$$
E(r) = \frac{\rho I}{2\pi L r}
$$

となり，極板間の電位差 V は

$$
V = \int_a^b \frac{\rho I}{2\pi L r}\mathrm{d}r = \frac{\rho I}{2\pi L}\log\frac{b}{a}
$$

となる．オームの法則より，電気抵抗 R は，

$$R=\frac{V}{I}=\frac{\rho}{2\pi L}\log\frac{b}{a}$$

演習 3.2 電極間に電流 I を流したとき，中心から距離 r （$a<r<b$）での電流密度 $i(r)$ は，

$$i(r)=\frac{I}{4\pi r^2}$$

である．したがって，電極間の電場は

$$E(r)=\frac{\rho I}{4\pi r^2}$$

であり，電極間の電位差 V は

$$V=\int_a^b\frac{\rho I}{4\pi r^2}\mathrm{d}r=\frac{\rho I}{4\pi}\left(\frac{1}{a}-\frac{1}{b}\right)$$

なので，電気抵抗 R は，

$$R=\frac{\rho}{4\pi}\left(\frac{1}{a}-\frac{1}{b}\right)$$

演習 3.3 粒子の速度の z 軸に平行な成分は $v_{\parallel}=v\cos\theta$，垂直な成分は $v_{\perp}=v\sin\theta$ である．磁場に垂直成分の運動は，サイクロトロン運動となり，回転半径 R は

$$R=\frac{mv_{\perp}}{qB_0}$$

となり，その周期 T は，

$$T=\frac{2\pi m}{qB_0}$$

となる．粒子はこの時間の間に z 方向に

$$L=v_{\parallel}T=\frac{2\pi mv\cos\theta}{qB_0}$$

進むので，**らせん運動**となる．

演習 3.4 円上の微小区間 $\mathrm{d}l$ に流れる電流素片 $\mathrm{d}I=I\mathrm{d}l$ が z 軸上の点 $\mathrm{P}(0,0,z)$ に作る磁場の大きさ $\mathrm{d}B$ はビオ-サバールの法則より，

$$\mathrm{d}B=\frac{\mu_0}{4\pi}\frac{I\mathrm{d}l}{a^2+z^2}$$

である．電流は円周上を流れているから対称性により，磁場は xy 成分はキャンセルして z 成分のみ残る．点 P から円周を繋ぐ線分と z 軸のなす角を θ とすると，磁場の z 成分は，

$$\mathrm{d}B_z = \mathrm{d}B\sin\theta = \frac{\mu_0}{4\pi}\frac{I\mathrm{d}l}{a^2+z^2}\frac{a}{(a^2+z^2)^{1/2}}$$

となる．これを円周上で積分して，

$$B_z = \int_{\text{半径 } a \text{ の円周}} \mathrm{d}B_z = \frac{\mu_0 a I}{4\pi(a^2+z^2)^{3/2}} \times (2\pi a) = \frac{\mu_0 a^2 I}{2(a^2+z^2)^{3/2}}$$

演習 3.5　電線の中心軸上に中心を持ち，軸に垂直な面上に半径 r の円周を閉曲線 C として考え，アンペールの法則を適用する．対称性から円周上で磁場は一定で円周の接線方向を向いている．この円周上での磁場の大きさを $B(r)$ とすると，

$$\oint_{\mathrm{C}} \boldsymbol{B}\cdot\boldsymbol{t}\mathrm{d}l = 2\pi r B(r)$$

である．一方，電流密度を i とすると

$$\int_{\mathrm{S}} i\mathrm{d}S = \begin{cases} \dfrac{I}{\pi a^2}\pi r^2 & (r < a) \\ I & (r \geq a) \end{cases}$$

であるので，アンペールの法則より，

$$B(r) = \begin{cases} \dfrac{\mu_0 I r}{2\pi a^2} & (r < a) \\ \dfrac{\mu_0 I}{2\pi r} & (r \geq a) \end{cases}$$

演習 3.6　円筒の中心軸上に中心を持ち，軸に垂直な半径 r の円 C にアンペールの法則を適用すると，円周上で磁場は一定で円周の接線方向を向いているので，大きさを $B(r)$ とすると，

$$\oint_{\mathrm{C}} \boldsymbol{B}\cdot\boldsymbol{t}\mathrm{d}l = 2\pi r B(r)$$

である．一方，

$$\int_{\mathrm{S}} \boldsymbol{i}\cdot\boldsymbol{n}\mathrm{d}S = \begin{cases} 0 & (r < a) \\ I & (a \leq r \leq b) \\ +I - I = 0 & (r > b) \end{cases}$$

となるので，

$$B(r) = \begin{cases} 0 & (r < a,\ r > b) \\ \dfrac{\mu_0 I}{2\pi r} & (a \leq r \leq b) \end{cases}$$

演習 3.7　対称性を考えると，磁場は y 軸に平行で，$z > 0$ では負の向き，$z < 0$ では正の向きに生じる．z 軸に平行で x 軸に垂直な矩形を考え，その周を閉曲線 C として，アンペールの法則を考える．ただし，矩形の辺はそれぞれ y 軸と z 軸に平行と

する．矩形の y 軸方向の長さを L とし，z 座標での位置を z_1，z_2（$z_1 < z_2$）とすると，そこでの磁場を $B(z_1)$，$B(z_2)$ とすると，

$$\oint_{\mathrm{C}} \boldsymbol{B} \cdot \boldsymbol{t} \mathrm{d}l = \{B(z_1) - B(z_2)\}L$$

一方，

$$\int_{\mathrm{S}} \boldsymbol{i} \cdot \boldsymbol{n} \mathrm{d}S = \begin{cases} 0 & (0 < z_1 < z_2,\ 0 > z_2 > z_1) \\ iL & (z_1 < 0 < z_2) \end{cases}$$

したがって，アンペールの法則より，矩形が xy 平面を横切っていないときは $B(z_1) = B(z_2)$ より磁場の大きさは一定であり，その大きさを B_0 とすると，磁場 $B(z)$ は $z > 0$ では $B(z) = -B_0$，$z < 0$ では $B(z) = +B_0$ となる．矩形が xy 平面を横切った場合のアンペールの法則を考えると，

$$2B_0 L = \mu_0 i L$$

より，

$$B_0 = \frac{\mu_0 i}{2}$$

が求められる．

演習 3.8　電流は円周上を反時計回りに流れているとすると，点 $\mathrm{P}(x, y) = (a\cos\theta, a\sin\theta)$ での電流素片 $\mathrm{d}\boldsymbol{I}$ は，

$$\mathrm{d}\boldsymbol{I} = (-\sin\theta, \cos\theta, 0) I \mathrm{d}l$$

となる．一方，磁場ベクトルは

$$\boldsymbol{B} = (B, 0, 0)$$

なので，電流素片に働く力 $\mathrm{d}\boldsymbol{F}$ は

$$\mathrm{d}\boldsymbol{F} = \mathrm{d}\boldsymbol{I} \times \boldsymbol{B} = (0, 0, -IB\cos\theta)\mathrm{d}l$$

となる．この力による y 軸に対する力のモーメント $\mathrm{d}\boldsymbol{N}$ は，

$$\mathrm{d}\boldsymbol{N} = (a\cos\theta, a\sin\theta, 0) \times \mathrm{d}\boldsymbol{F} = (0, IBa\cos^2\theta, 0)\mathrm{d}l$$

となる．力のモーメントの大きさ N は上式の大きさ $\mathrm{d}N$ を円周上で積分すればよい．$\mathrm{d}l = a\mathrm{d}\theta$ なので，

$$N = \int_0^{2\pi} \mathrm{d}N = \int_0^{2\pi} IBa^2\cos^2\theta \mathrm{d}\theta = \pi a^2 IB$$

となる．磁気モーメントの大きさを m とすれば，$N = mB$ より，

$$m = I\pi a^2$$

が得られる．

● 第4章

演習 4.1 この回路の法線と z 軸のなす角を θ とすると，この回路を貫く磁束 $\varPhi$ は，

$$\varPhi = B_0 S \cos\theta$$

である．ファラデーの電磁誘導の法則より，この回路に発生する起電力 V_e は，

$$\begin{aligned} V_\mathrm{e} &= -\frac{\mathrm{d}}{\mathrm{d}t}(B_0 S \cos\theta) = B_0 S \sin\theta \frac{\mathrm{d}\theta}{\mathrm{d}t} \\ &= B_0 S\omega \sin\theta = B_0 S\omega \sin(\omega t + \alpha) \end{aligned}$$

となる．ここで，α は位相である．

演習 4.2 電線から距離 r における磁場 $B(r)$ は，

$$B(r) = \frac{\mu_0 I}{2\pi r}$$

である．したがって，起電力 V_e は，

$$V_\mathrm{e} = -\frac{\mathrm{d}}{\mathrm{d}t}\left(\frac{\mu_0 IS}{2\pi r}\right) = \frac{\mu_0 IS}{2\pi r^2}\frac{\mathrm{d}r}{\mathrm{d}t} = \frac{\mu_0 ISv}{2\pi r^2}$$

演習 4.3 金属棒の位置を x とし，時刻 t における回路の面積を $S(t)$ とすると，回路に発生する起電力の大きさ V_e は，

$$V_\mathrm{e} = \frac{\mathrm{d}}{\mathrm{d}t}\{B_0 S(t)\} = B_0 l \frac{\mathrm{d}x}{\mathrm{d}t} = B_0 l v$$

である．このとき，金属棒に流れる電流 I はオームの法則により，

$$I = \frac{B_0 l v}{R}$$

となる．また，単位時間に発生するジュール熱 Q は，

$$Q = VI = \frac{B_0^2 l^2 v^2}{R}$$

となる．一方，磁場中で電流 I が流れる金属棒に働く力 F の大きさは，

$$F = IB_0 l = \frac{B_0^2 l^2 v}{R}$$

であり，向きは移動とは逆向きである．これが単位時間内に v だけ移動するから，一定の速さ v で動かし続けるために外部から行われる仕事 W は，

$$W = Fv = \frac{B_0^2 l^2 v^2}{R} = Q$$

となり，金属棒で発生するジュール熱と等しい．したがって，外部からの仕事は熱として消費される．

演習 4.4 3 章の演習 3.6 のように，磁場は $a \le r \le b$ の範囲で生じ，

$$B(r) = \frac{\mu_0 I}{2\pi r}$$

である．このとき，回路を貫く磁束 Φ は，

$$\Phi = l \int_a^b B(r)\mathrm{d}r = \frac{\mu_0 l I}{2\pi} \int_a^b \frac{1}{r}\mathrm{d}r = \frac{\mu_0 l I}{2\pi} \log\left(\frac{b}{a}\right)$$

となる．したがって，自己インダクタンス L は，$\Phi = LI$ より，

$$L = \frac{\mu_0 l}{2\pi} \log\left(\frac{b}{a}\right)$$

演習 4.5 時刻 t における電荷を $Q(t)$ とする．コンデンサーの極板間の電場 $E(t)$ は，

$$E(t) = \frac{Q(t)}{\epsilon_0 \pi R^2}$$

となり，電流 $I(t)$ とは，

$$I = \frac{\mathrm{d}Q(t)}{\mathrm{d}t}$$

の関係がある．極板間の変位電流密度 $i_\mathrm{d}(t)$ は，

$$i_\mathrm{d} = \epsilon_0 \frac{\mathrm{d}E(t)}{\mathrm{d}t} = \frac{1}{\pi R^2}\frac{\mathrm{d}Q(t)}{\mathrm{d}t}$$

である．したがって，

$$i_\mathrm{d} = \frac{I}{\pi R^2}$$

となる．マクスウェル-アンペールの法則を適用する閉曲線として，2 枚の円板電極の中心軸から距離 r で電極に平行な円の円周とすれば，その円周上で磁場は一定で円周に接した向きを向くので，大きさを $B(r)$ として，

$$\oint_\mathrm{C} \boldsymbol{B} \cdot \boldsymbol{t}\mathrm{d}l = 2\pi r B(r)$$

となる．また，極板間の電流は変位電流のみであるので，

$$\int_\mathrm{S} i_\mathrm{d}\mathrm{d}S = \frac{I}{\pi R^2}\pi r^2 = \frac{r^2}{R^2} I$$

となる．したがって，マクスウェル-アンペールの法則より，

$$B(r) = \frac{\mu_0 r}{2\pi R^2} I$$

演習 4.6 時刻 t におけるコンデンサーに蓄えられている電荷量を $Q(t)$，回路に流れる電流を $I(t)$ とすると，キルヒホッフの第 2 法則より，

$$\frac{Q(t)}{C}+RI(t)+L\frac{\mathrm{d}I(t)}{\mathrm{d}t}=0$$

となり，また，

$$I(t)=\frac{\mathrm{d}Q(t)}{\mathrm{d}t}$$

より，微分方程式

$$L\frac{\mathrm{d}^2Q(t)}{\mathrm{d}t^2}+R\frac{\mathrm{d}Q(t)}{\mathrm{d}t}+\frac{Q(t)}{C}=0$$

が得られる．この微分方程式の特性方程式は

$$L\lambda^2+R\lambda+\frac{1}{C}=0$$

であり，その解は，

$$\lambda_{\pm}=-\frac{R}{2L}\pm\sqrt{\left(\frac{R}{2L}\right)^2-\frac{1}{LC}}$$

である．したがって，微分方程式の一般解は，A，B を定数として，

$$\begin{aligned}Q(t)&=A\exp(\lambda_+t)+B\exp(\lambda_-t)\\&=\exp\left(-\frac{R}{2L}t\right)\left[A\exp\left\{\sqrt{\left(\frac{R}{2L}\right)^2-\frac{1}{LC}}t\right\}\right.\\&\qquad\left.+B\exp\left\{-\sqrt{\left(\frac{R}{2L}\right)^2-\frac{1}{LC}}t\right\}\right]\end{aligned}$$

となる．
$(\frac{R}{2L})^2>\frac{1}{LC}$ の場合，電荷 Q は指数関数的に減衰していく．
$(\frac{R}{2L})^2<\frac{1}{LC}$ の場合，平方根の中が負になるので，指数関数の中が複素数となる．この場合，オイラーの関係式により三角関数にすることができて，

$$\begin{aligned}Q(t)&=\exp\left(-\frac{R}{2L}t\right)\left[A'\sin\left\{\sqrt{\frac{1}{LC}-\left(\frac{R}{2L}\right)^2}t\right\}\right.\\&\qquad\left.+B'\cos\left\{\sqrt{\frac{1}{LC}-\left(\frac{R}{2L}\right)^2}t\right\}\right]\end{aligned}$$

となり，減衰振動となる．
$(\frac{R}{2L})^2<\frac{1}{LC}$ の場合，指数関数の中がゼロとなり λ の解は重解となる．この場合，$Q(t)$

は,

$$Q(t) = \exp\left(-\frac{R}{2L}t\right)(A'' + B''t)$$

となり，最も早く減衰する．これは**臨界減衰**と呼ばれている．

これらの一般解の定数は，$t = 0$ で，$Q = Q_0$ および $I = 0$ の境界条件で決定すればよい．

● 第5章

演習 5.1 電場に関するガウスの法則は

$$\nabla \cdot \boldsymbol{E} = \frac{\rho}{\epsilon_0}$$

であり．これを時間微分すれば,

$$\frac{\partial}{\partial t}(\nabla \cdot \boldsymbol{E}) = \frac{1}{\epsilon_0}\frac{\partial \rho}{\partial t}$$

が得られる．また，マクスウェル-アンペールの法則は,

$$\nabla \times \boldsymbol{B} = \mu_0 \boldsymbol{i} + \mu_0 \epsilon_0 \frac{\partial \boldsymbol{E}}{\partial t}$$

であるが，これの $\nabla\cdot$ をとって,

$$\nabla \cdot (\nabla \times \boldsymbol{B}) = \mu_0 \nabla \cdot \boldsymbol{i} + \mu_0 \epsilon_0 \nabla \cdot \frac{\partial \boldsymbol{E}}{\partial t}$$

となる．

$$\nabla \cdot (\nabla \times \boldsymbol{B}) = 0$$

であり，時間微分と $\nabla\cdot$ の順序を入れ替えて

$$\mu_0 \nabla \cdot \boldsymbol{i} + \mu_0 \epsilon_0 \frac{\partial}{\partial t}(\nabla \cdot \boldsymbol{E}) = 0$$

が得られ，ここに，ガウスの法則を時間微分したものを代入すれば,

$$\frac{\partial \rho}{\partial t} + \nabla \cdot \boldsymbol{i} = 0$$

が得られる．

演習 5.2 円筒座標系では,

$$r = (x^2 + y^2)^{1/2}, \quad \tan\theta = \frac{y}{x}$$

である．ラプラシアンを計算するために，$\frac{\partial}{\partial x}$ などを計算する．

$$\begin{aligned}\frac{\partial}{\partial x} &= \frac{\partial r}{\partial x}\frac{\partial}{\partial r} + \frac{\partial \theta}{\partial x}\frac{\partial}{\partial \theta} \\ \frac{\partial}{\partial y} &= \frac{\partial r}{\partial y}\frac{\partial}{\partial r} + \frac{\partial \theta}{\partial y}\frac{\partial}{\partial \theta}\end{aligned}$$

$\frac{\partial r}{\partial x}$ および $\frac{\partial r}{\partial y}$ はそれぞれ,

$$\begin{aligned}&\frac{\partial r}{\partial x} = \frac{1}{2}(x^2+y^2)^{-1/2}\cdot 2x = \frac{x}{r} = \cos\theta \\ &\frac{\partial r}{\partial y} = \sin\theta\end{aligned}$$

である．また，$\frac{\partial \theta}{\partial x}$ と $\frac{\partial \theta}{\partial y}$ は，$\tan\theta = \frac{y}{x}$ の両辺を偏微分して,

$$\begin{aligned}&\frac{\partial}{\partial x}(\tan\theta) = \frac{\partial \theta}{\partial x}\frac{\partial}{\partial \theta}(\tan\theta) = \frac{\partial \theta}{\partial x}\frac{1}{\cos^2\theta} = \frac{\partial}{\partial x}\left(\frac{y}{x}\right) = -\frac{y}{x^2} \\ &\frac{\partial}{\partial y}(\tan\theta) = \frac{\partial \theta}{\partial y}\frac{1}{\cos^2\theta} = \frac{\partial}{\partial y}\left(\frac{y}{x}\right) = \frac{1}{x}\end{aligned}$$

となり,

$$\begin{aligned}&\frac{\partial \theta}{\partial x} = -\cos^2\theta\frac{y}{x^2} = -\frac{\sin\theta}{r} \\ &\frac{\partial \theta}{\partial y} = \frac{\cos\theta}{r}\end{aligned}$$

が得られる．したがって,

$$\begin{aligned}\frac{\partial}{\partial x} &= \cos\theta\frac{\partial}{\partial r} - \frac{\sin\theta}{r}\frac{\partial}{\partial \theta} \\ \frac{\partial}{\partial x} &= \sin\theta\frac{\partial}{\partial r} + \frac{\cos\theta}{r}\frac{\partial}{\partial \theta}\end{aligned}$$

である．ここから，$\frac{\partial^2}{\partial x^2}$ と $\frac{\partial^2}{\partial y^2}$ は,

$$\begin{aligned}\frac{\partial^2}{\partial x^2} &= \left(\cos\theta\frac{\partial}{\partial r} - \frac{\sin\theta}{r}\frac{\partial}{\partial \theta}\right)\frac{\partial}{\partial x} \\ \frac{\partial^2}{\partial y^2} &= \left(\sin\theta\frac{\partial}{\partial r} + \frac{\cos\theta}{r}\frac{\partial}{\partial \theta}\right)\frac{\partial}{\partial y}\end{aligned}$$

となり,

$$\begin{aligned}\cos\theta\frac{\partial}{\partial r}\frac{\partial}{\partial x} &= \cos\theta\frac{\partial}{\partial r}\left(\cos\theta\frac{\partial}{\partial r} - \frac{\sin\theta}{r}\frac{\partial}{\partial \theta}\right) \\ &= \cos^2\theta\frac{\partial^2}{\partial r^2} + \frac{\cos\theta\sin\theta}{r^2}\frac{\partial}{\partial \theta} - \frac{\cos\theta\sin\theta}{r}\frac{\partial^2}{\partial r\partial \theta}\end{aligned}$$

$$
\begin{aligned}
-\frac{\sin\theta}{r}\frac{\partial}{\partial\theta}\frac{\partial}{\partial x} &= \frac{\sin^2\theta}{r}\frac{\partial}{\partial r} - \frac{\sin\theta\cos\theta}{r}\frac{\partial^2}{\partial\theta\partial r} + \frac{\sin\theta\cos\theta}{r^2}\frac{\partial}{\partial\theta} + \frac{\sin^2\theta}{r^2}\frac{\partial^2}{\partial\theta^2} \\
\sin\theta\frac{\partial}{\partial r}\frac{\partial}{\partial y} &= \sin\theta\frac{\partial}{\partial r}\left(\sin\theta\frac{\partial}{\partial r} + \frac{\cos\theta}{r}\frac{\partial}{\partial\theta}\right) \\
&= \sin^2\theta\frac{\partial^2}{\partial r^2} - \frac{\cos\theta\sin\theta}{r^2}\frac{\partial}{\partial\theta} + \frac{\cos\theta\sin\theta}{r}\frac{\partial^2}{\partial r\partial\theta} \\
\frac{\cos\theta}{r}\frac{\partial}{\partial\theta}\frac{\partial}{\partial y} &= \frac{\cos^2\theta}{r}\frac{\partial}{\partial r} + \frac{\sin\theta\cos\theta}{r}\frac{\partial^2}{\partial\theta\partial r} - \frac{\sin\theta\cos\theta}{r^2}\frac{\partial}{\partial\theta} + \frac{\cos^2\theta}{r^2}\frac{\partial^2}{\partial\theta^2}
\end{aligned}
$$

なので，ラプラシアンは

$$
\begin{aligned}
\nabla^2 &= \frac{\partial^2}{\partial x^2} + \frac{\partial^2}{\partial y^2} + \frac{\partial^2}{\partial y^2} = \frac{\partial^2}{\partial r^2} + \frac{1}{r}\frac{\partial}{\partial r} + \frac{1}{r^2}\frac{\partial^2}{\partial\theta^2} + \frac{\partial^2}{\partial z^2} \\
&= \frac{1}{r}\frac{\partial}{\partial r}\left(r\frac{\partial}{\partial r}\right) + \frac{1}{r^2}\frac{\partial^2}{\partial\theta^2} + \frac{\partial^2}{\partial z^2}
\end{aligned}
$$

となる．

演習 5.3

$$
\alpha = z - vt, \quad \beta = z + vt
$$

とおくと，

$$
u(x,t) = f(\alpha) + g(\beta)
$$

となるので，

$$
\frac{\partial u}{\partial z} = \frac{\partial\alpha}{\partial z}\frac{\partial u}{\partial\alpha} + \frac{\partial\beta}{\partial z}\frac{\partial u}{\partial\beta} = f'(\alpha) + g'(\beta)
$$

より，

$$
\begin{aligned}
\frac{\partial^2 u}{\partial z^2} &= \frac{\partial\alpha}{\partial z}\frac{\partial}{\partial\alpha}\{f'(\alpha) + g'(\beta)\} + \frac{\partial\beta}{\partial z}\frac{\partial}{\partial\beta}\{f'(\alpha) + g'(\beta)\} \\
&= f''(\alpha) + g''(\beta)
\end{aligned}
$$

一方，

$$
\frac{\partial u}{\partial t} = \frac{\partial\alpha}{\partial t}\frac{\partial u}{\partial\alpha} + \frac{\partial\beta}{\partial t}\frac{\partial u}{\partial\beta} = -vf'(\alpha) + vg'(\beta)
$$

より，

$$
\begin{aligned}
\frac{\partial^2 u}{\partial t^2} &= \frac{\partial\alpha}{\partial t}\frac{\partial}{\partial\alpha}\{f'(\alpha) + g'(\beta)\} + \frac{\partial\beta}{\partial t}\frac{\partial}{\partial\beta}\{f'(\alpha) + g'(\beta)\} \\
&= v^2 f''(\alpha) + v^2 g''(\beta)
\end{aligned}
$$

となる．したがって，$u(x,t) = f(x - vt) + g(x + vt)$ は，f，g を任意の関数として，波動方程式，

$$
\frac{\partial^2 u(x,t)}{\partial x^2} - \frac{1}{v^2}\frac{\partial^2 u(x,t)}{\partial t^2} = 0
$$

を満たす.

演習 5.4 波数ベクトル $\boldsymbol{k}$ を $(k,0,0)$ とすると,

$$\boldsymbol{k}\times\boldsymbol{B}=(k,0,0)\times(0,E_0\cos(kx-\omega t),0)=(0,0,kE_0\cos(kx-\omega t))$$

より, 磁場ベクトルは

$$\begin{aligned}\boldsymbol{B} &= \frac{1}{\omega}\boldsymbol{k}\times\boldsymbol{E}=\left(0,0,\frac{k}{\omega}E_0\cos(kx-\omega t)\right)\\ &= \left(0,0,\frac{1}{c}E_0\cos(kx-\omega t)\right)\end{aligned}$$

となる. また, ポインティングベクトルは

$$\begin{aligned}\boldsymbol{S} &= \frac{1}{\mu_0}\boldsymbol{E}\times\boldsymbol{B}=\frac{1}{\mu_0 c}\left(E_0^2\cos^2(kx-\omega t),0,0\right)\\ &= c(\epsilon_0E_0^2\cos^2(kx-\omega t),0,0)\end{aligned}$$

演習 5.5 このレーザーポインターからは 1 mW すなわち毎秒 1 mJ のエネルギーが断面積

$$3.14\times(1\times10^{-3})^2=3.14\times10^{-6}\,\mathrm{m}^2$$

のビーム光によって 3×10^8 m 運ばれているから, エネルギー密度 u は,

$$u=\frac{1\times10^{-3}}{3.14\times10^{-6}\times3\times10^{8}}\simeq1\times10^{-6}\,\mathrm{J/m^3}$$

であり, 電場は, $u=\epsilon_0E^2$ より,

$$E=\sqrt{\frac{u}{\epsilon_0}}\simeq\left(\frac{1\times10^{-6}}{9\times10^{-12}}\right)^{1/2}\simeq3\times10^2\,\mathrm{V/m}$$

である. また, 磁場は, $B=\frac{E}{c}$ より,

$$B\simeq\frac{3\times10^2}{3\times10^8}=1\times10^{-6}\,\mathrm{T}$$

となる.

● 第 6 章

演習 6.1 電極間すべてに誘電体が満たされているとき, このコンデンサーに電荷 Q が蓄えられたとすると, 電極の外では電場も電束密度もないので, 平板電極の近傍でガウスの法則を用いれば, 電極に分布する電荷密度を σ として, 電極間の電束密度と電場は,

$$D=\epsilon E=\sigma=\frac{Q}{S}$$

となる．これが電極間に一様にあるので，電位差 V は

$$V = EL = \frac{QL}{\epsilon S}$$

となる．したがって，電気容量 C は，

$$C = \frac{Q}{V} = \epsilon\frac{S}{L}$$

一方，極板間の途中に誘電体が入っているとき，誘電体がない場所での電束密度と電場をそれぞれ D_0 と E_0，誘電体中の電束密度と電場を D_1 と E_1 とすると，先ほどと同様に，

$$D_0 = \epsilon_0 E_0 = \sigma = \frac{Q}{S}$$

また，電束密度の連続条件から

$$D_0 = D_1$$

より，

$$\epsilon_0 E_0 = \epsilon E_1$$

なので，

$$E_0 = \frac{Q}{\epsilon_0 S}, \quad E_1 = \frac{Q}{\epsilon S}$$

が得られる．極板間の電位差は

$$V = E_0(L-d) + E_1 d = \frac{Q}{S}\left(\frac{L-d}{\epsilon_0} + \frac{d}{\epsilon}\right)$$

となるので，電気容量は

$$C = S\left(\frac{L-d}{\epsilon_0} + \frac{d}{\epsilon}\right)^{-1}$$

演習 6.2 電子が陽子のまわりをクーロン力を向心力として半径 a で円運動しているとすると，電子の質量を m_{e}，速度を v として，運動方程式より，

$$\frac{m_{\mathrm{e}}v^2}{a^2} = \frac{1}{4\pi\epsilon_0}\frac{e^2}{a^2}$$

となる．ここから速度 v は，

$$v = \frac{e^2}{2(\pi\epsilon_0 m_{\mathrm{e}} a)^{1/2}}$$

となり，周期 T は，

$$T = \frac{2\pi a}{v} = \frac{4(\pi a)^{3/2}(\epsilon_0 m_{\mathrm{e}})^{1/2}}{e}$$

となる．$-e$ の電荷を持った電子が陽子のまわりをこの周期で円運動しているので，こ

れが電流になっていると考えると，電流 I は，

$$I = \frac{e}{T} = \frac{e^2}{4(\pi a)^{3/2}(\epsilon_0 m_{\mathrm{e}})^{1/2}}$$

と表される．円電流が作る磁気モーメント m は，電流と円の面積の積なので，

$$m = I \times \pi a^2 = \frac{e^2}{4}\left(\frac{a}{\pi\epsilon_0 m_{\mathrm{e}}}\right)^{1/2}$$

となる．ここに，物理定数を代入すると，

$$m = 9.3 \times 10^{-24}\,\mathrm{J/T}$$

が得られる．

演習 6.3 スネルの法則は，

$$n_1 \sin\theta_1 = n_2 \sin\theta_2$$

であるが，透過側（屈折率 n_2）の光の角度 θ_2 が $\frac{\pi}{2}$ を越えたときには，光は屈折率 n_2 側を伝播しなくなる．すなわち，

$$n_1 \sin\theta_{\mathrm{c}} = n_2 \sin\frac{\pi}{2}$$

より，

$$\sin\theta_{\mathrm{c}} = \frac{n_2}{n_1}$$

となる臨界角 θ_{c} より大きな入射角 θ_1 では光は透過せず全反射する．

この状況のとき，屈折率が n_2 側で波数がどうなっているか考えてみよう．屈折率が n_1 および n_2 中で，それぞれの波数 k_1 および k_2 は，真空中での波数 k を用いて，

$$|k_1| = n_1|k|, \quad |k_2| = n_2|k|$$

と書ける．また，波数の各成分は光が yz 平面上を進んでいるとすると，

$$|k_1|^2 = k_{1y}^2 + k_{1z}^2, \quad |k_2|^2 = k_{2y}^2 + k_{2z}^2$$

となる．波数に関する境界条件は，

$$k_{1y} = k_{2y}$$

であり，また，入射側の幾何学的配置より，

$$k_{1y} = |k_1|\sin\theta_1$$

であるので，屈折率 n_2 側の波数の z 成分は

$$
\begin{aligned}
k_{2z}^2 &= n_2^2|k|^2 - k_{1y}^2 \\
&= \left\{ \left(\frac{n_2}{n_1} \right)^2 - \sin^2\theta_1 \right\} |k_1|^2
\end{aligned}
$$

となる．ここで，入射角 θ_1 が臨界角 θ_c よりも大きい場合，

$$
\sin\theta_1 > \frac{n_2}{n_1}
$$

となり，$k_{2z}^2 < 0$ となる．これは，k_{2z} が純虚数となることを表している．電磁波を

$$
\boldsymbol{E}_0 \exp\{\mathrm{i}(\boldsymbol{k}_2 \cdot \boldsymbol{r} - \omega t)\}
$$

のように表していたが，$k_{2z} = \mathrm{i}\kappa$ と純虚数とすると，$k_{1x} = k_{2x} = 0$ のとき，

$$
\boldsymbol{E_0} \exp(-\kappa z) \exp\{\mathrm{i}(k_{2y} y - \omega t)\}
$$

となり，光の電場は z 方向には伝播せず，境界面から離れていくにしたがって，指数関数的に減衰していくことがわかる．このような電磁波は，**エバネッセント波**と呼ばれている．

演習 6.4 簡単のために，境界面を $z = 0$ とし，光は境界面に対して垂直（z 軸方向正の向き）に伝播し，電場は x 成分，磁場は y 成分のみがあるとする．境界条件は，電場 $\boldsymbol{E}$ と磁場 $\boldsymbol{H}$ の境界面に水平な成分が連続である．入射波，反射波，透過波をそれぞれ，

$$
\begin{aligned}
&\text{入射波：} \quad E_{1x} = E_1 \exp\{\mathrm{i}(k_1 z - \omega t)\}, \quad H_{1y} = H_1 \exp\{\mathrm{i}(k_1 z - \omega t)\} \\
&\text{反射波：} \quad E'_{1x} = E'_1 \exp\{\mathrm{i}(-k_1 z - \omega t)\}, \quad H'_{1y} = -H'_1 \exp\{\mathrm{i}(-k_1 z - \omega t)\} \\
&\text{透過波：} \quad E_{2x} = E_1 \exp\{\mathrm{i}(k_2 z - \omega t)\}, \quad H_{2y} = H_1 \exp\{\mathrm{i}(k_2 z - \omega t)\}
\end{aligned}
$$

で表すとする．入射波と反射波で進行方向が変わっているので，それに対応して符号がわかっていることに注意しよう．電場に関する境界条件は，境界面 $z = 0$ で

$$
E_{1x} + E'_{1x} = E_{2x}
$$

であるので，

$$
E_1 + E'_1 = E_2
$$

となる．また，磁場に関する境界条件は，

$$
H_{1y} + H'_{1y} = H_{2y}
$$

であるので，

$$
H_1 - H'_1 = H_2
$$

となり，これを電場で書きかえれば，

$$\frac{E_1}{\mu_0 c_1} - \frac{E_1'}{\mu_0 c_1} = \frac{E_2}{\mu_0 c_2}$$

となる．ここで c_1，c_2 は真空中の光速を c とすると，$c_1 = \frac{c}{n_1}$，$c_2 = \frac{c}{n_2}$ である．

これらの式を用いると，振幅反射率 r と振幅透過率 t は，

$$r = \frac{E_1'}{E_1} = \frac{\frac{1}{c_1} - \frac{1}{c_2}}{\frac{1}{c_1} + \frac{1}{c_2}} = \frac{n_1 - n_2}{n_1 + n_2}$$

$$t = \frac{E_2}{E_1} = \frac{\frac{2}{c_1}}{\frac{1}{c_1} + \frac{1}{c_2}} = \frac{2n_1}{n_1 + n_2}$$

となる．

また，エネルギーの流れに対する反射率 R と透過率 T は，

$$R = \frac{E_1' \times H_1'}{E_1 \times H_1} = \frac{\frac{E_1'^2}{\mu_0 c_1}}{\frac{E_1^2}{\mu_0 c_1}} = \frac{E_1'^2}{E_1^2} = \left(\frac{n_1 - n_2}{n_1 + n_2}\right)^2$$

$$T = \frac{E_2 \times H_2}{E_1 \times H_1} = \frac{\frac{E_2^2}{\mu_0 c_2}}{\frac{E_1^2}{\mu_0 c_1}} = \frac{n_2}{n_1}\frac{E_2^2}{E_1^2} = \frac{4n_1 n_2}{(n_1 + n_2)^2}$$

となる．

索　　引

著者略歴

市田正夫（いちだ まさお）

1993年　大阪市立大学大学院理学研究科後期博士課程物理学専攻修了
現　在　甲南大学理工学部物理学科教授
　　　　博士（理学）
　　　　専門は物性物理

主要著書

カーボンナノチューブの基礎と応用（分担執筆，培風館）

ライブラリ理学・工学系物理学講義ノート＝**5**
電磁気学講義ノート

2017年11月10日 ©　　初 版 発 行

著 者 市田正夫　　発行者 森平敏孝
　　　　　　　　　印刷者 小宮山恒敏

発行所　**株式会社　サイエンス社**
〒151–0051　東京都渋谷区千駄ヶ谷1丁目3番25号
営 業 ☎(03)5474–8500(代) 振替 00170–7–2387
編 集 ☎(03)5474–8600(代)
FAX ☎(03)5474–8900

印刷・製本　小宮山印刷工業（株）
≪検印省略≫

ISBN 978–4–7819–1412–1

PRINTED IN JAPAN

サイエンス社のホームページのご案内
http://www.saiensu.co.jp
ご意見・ご要望は
rikei@saiensu.co.jp　まで．